エーヤーワディーの河の流れ

流域とのダイアローグ

春山成子・ケイトエライン 著

古今書院

The Ayeyarwady River - dialogue with river basin -

Shigeko HARUYAMA and Kay Thwe Hlaing

ISBN978-4-7722-2025-5

Copyright © 2018 Shigeko HARUYAMA and Kay Thwe Hlaing

Kokon Shoin Publishers Co., Ltd., Tokyo, 2018

目　次

序．エーヤーワディーの贈り物 　1
　タイから学んだこと 　2
　ヤンゴン大学地理学教室との出会い 　6
　地方都市に映し出しされた伝統的社会の空間 　10
　文化が香しいミャンマー 　12
　ミャンマーでの調査 　13

1. 東南アジアとの邂逅 　17
　1.1 外邦図との出会い 　17
　1.2 東南アジアの肖像 　19
　1.3 相互に繋がる社会景観が教える地域可能性 　23
　1.4 遠い国ビルマへの憧憬 　28
　1.5 外邦図に描かれた島嶼部東南アジアの農村 　31

2. エーヤーワディーは流れて 　35
　2.1 外邦図に表現されたエーヤーワディーとのダイアローグ 　35
　2.2 エーヤーワディーが語りかける農村と水 　40
　2.3 発展を遂げるサテライト都市の陰には 　44
　2.4 土地利用が変わり洪水が変わる 　51
　2.5 エーヤーワディーの領域 　61

3. エーヤーワディーの生業と気候背景 　65
　3.1 領域と自然景観 　65
　3.2 生業とのかかわり 　69

4. 描かれていた河川景観 　74
　4.1 19世紀初頭に描かれた河川景観 　74
　4.2 支河と分岐流の作る河川景観 　81

5. 地形分類図が教えるエーヤーワディー川の地形　　　　　　　　　85
　5.1　河川勾配から地形がみえる　　　　　　　　　　　　　　　　85
　5.2　地形分類図からみえるデルタの特徴　　　　　　　　　　　　88
　5.3　デルタの地形要素と組み合わせ　　　　　　　　　　　　　　90
　5.4　土壌分析からデルタがみえる　　　　　　　　　　　　　　　95
　5.5　地形分類図からみえるマンダレー盆地の特色　　　　　　　105

6. 変化するエーヤーワディー　　　　　　　　　　　　　　　　　107
　6.1　流路の形態　　　　　　　　　　　　　　　　　　　　　　107
　6.2　60年間で川はどのように変化していたのか　　　　　　　112

7. 土地利用変化からみた閉鎖水域のインレー湖　　　　　　　　114

8. エーヤーワディー川の流れがはてるところ　　　　　　　　　134

あとがき　　　　　　　　　　　　　　　　　　　　　　　　　　137

参考文献　　　　　　　　　　　　　　　　　　　　　　　　　　138

序．エーヤーワディーの贈り物

　ミャンマーとの出会いは、偶然が重なった結果である。30年前にさかのぼるが、「東南アジア地誌」の講義で使う資料を収集するために旅立った。古めかしいヤンゴン空港に降り立ち、乗り継ぎで内陸部のマンダレー、パガンに向かった。パガン空港に降り立つと待ち構えていた荷台付の馬車に揺られて、寺院と遺跡の町であるパガンの中心部へと移動した。カタカタと音を立てて走る馬車の荷台から見たパガンの光景は朝日を浴び、朝日を背景にしてそそり立つ寺院群とパゴダ群はなんとも神々しいものであった。

　パガンのエーヤーワディー河畔にたたずむと、その水面に落とすパゴダの影、水は悠久に流れていた。川の流れは流域の人々に「命の水」として恵みを与えてきた。緩やかな流れに光が射し、きらきらと輝きを増し、河畔の彩となり、芳しき大地に水という大切な贈り物を人々に与えていた。

　ヤンゴンでの時間はゆるやかに過ぎゆき、閑静な佇まいの町は眠ったように感じられた。道を行きかう男女は、民族服「ロンジー」を身に纏い、和服に似て優雅な立居振る舞いであった。数カ月の間、客員教授として東京に滞在していた地理学者マンマンエー教授との出会いがあり、彼の教え子であるケイトエラインさんとは、その後も長く付き合うことになった。

　ミャンマーへの憧憬、それはこの土地に長い期間において根づいてきた水社会の中にある。輪中のあるイラワジデルタは、水災害に見舞われてきた歴史があり、地域社会が災害に対応しようとした結果である。濃尾平野で災害との戦いに明け暮れた時代の輪中と水屋のある光景は、洪水から家族を守るための構造物であるとともに、自然が教えた身を守るための技術の体系である。地域コミュニティーの絆は、洪水と共に強められてきたとは言えないだろうか？輪中建設は、自然環境と社会が向き合った時に、共生空間を見出すための葛藤が見えてくる。自然地理学的な視点から地域を見据えることの重要性を教えてくれている。長く人間活動を支えてきた生産の場であり、生活の場である沖積平野

が当該地域において保有する意味を理解することが必要であると考えた。

　モンスーンアジアへの飽くなき興味は、学生時代に触れた自然地理学がその出発点にある。地形形成プロセスを学ぶ以前に、伊勢湾台風と濃尾平野の典型的沖積平野の地形配列との関係について、実証的な説明を受けた。故エンブレトン博士ほかの著作である「ヨーロッパの地形」を輪読し、ヨーロッパに広く展開している平野と日本の平野の違いを知った。一方、東南アジアにある4つの巨大なデルタには異なる横顔があることにも興味魅かれるものがあった。すでに、40年以上が経過しているが、大野（1970）の著作である「知られざるビルマ」を読んだ時には、地形を軸に巨大デルタに展開する生活舞台・生活圏、生活景観、土地利用を体系的に読み解いてみたいと考えた。

　また、伝統的な社会の形態が残されている地域において、土地利用秩序の概念から東南アジアの特殊な生業を理解していくことが将来的な保全計画を樹立するために必要なものであると感じた。

　亜細亜大学アジア研究所の研究者とともに30年前にサラワクを訪問した。この折、現地の少数民族が長く大切に守ってきた森林利用の社会的な秩序が崩壊していったこと、熱帯の極めて脆弱な生態系がグローバルな環境変化の中で変貌していく事実を知ることができた。保護森林地区を視察した時には、親を失ったオラウータンの子ども達を養育するための施設が作られていることを知った。この施設を見学した時には、適正規模の開発量を考えること、適切な流域管理手法を自然環境に依拠して考えること、さらに伝統的な土地利用秩序の概念を用いた新しい土地利用計画の概念を考え直すべき時期にきていると考えた。野生生物の生息地であった森林保護の重要性を訴えることが必要であると理解していた。

タイから学んだこと

　20世紀にはアジアにおける巨大デルタでは、開発にむけた改造計画が進展していった。わけても、タイ中央平原ではそれまでの一年一作を乗り越えて、雨季の補給灌漑用水施設が設置されていき、その完成を見ると乾季作を実現さ

せ、年々変動のなか降水量の少ない雨季での灌漑用水の安定供給を完成させた。一方、首都圏周辺の稲作地域は、近郊都市域の拡大に巻きこまれていった。首都圏の拡大は、隣接する諸地域における農業景観、農業農村の構造、農家形態、農業形態を急速に変化させていくことになった。生態系を重んじるのであれば、この時期の国土計画は、自然環境の劣化を顕在化させていったことにも注目すべきであろう。急激な自然環境の変化、これに並び、人文環境の変化が並列しておきると、地域社会の従来の構造へ大きなインパクトを与えることになった。大規模な自然改造計画が、どの地域においても地域社会に「負」と考えられる環境劣化を導くものであるとも考えた。環境の急激な変貌に向かおうとしていた時代、必ずしも環境劣化を慎重には議論してはいなかったようだ。

　1980年代後半、リモートセンシング技術を用いた「タイ中央平原の地形分類図の作成プロジェクト」が、タイの研究者との間で開始することになった。1990年代に入ると、南北ベトナムの巨大デルタの地形調査と環境変動評価にかかわる研究に着手することになった。当時、東南アジア地域を知るためには「東南アジア研究」を読むことが重要であり、この雑誌に次々と掲載されていったタイやベトナムなどの「地域研究」の研究成果を、図書館の読書室で読み耽る毎日が続いた。モンスーンアジアに展開している多様なデルタの環境をとらえ、自然環境、農業形態と水資源運用、気候がもたらす生活場の水賦存量が考えられた灌漑様式、災害と向き合う現地の人々が持ち続けてきた防災の知恵、これらを含め自然と農業との相互関係があることがこの地域への理解の基礎になると考えた。

　当時、研究目的であっても、現地調査を行うことは大変困難な時代であった。しかし、防災分野研究を標榜する研究機関との合同調査隊として、タイ中央平原の現地調査に赴くことは可能となった。バンコク国際空港を降り立ち、現地に入ると、まったく地形に起伏変化が認められない沖積平野の微地形配列を見ることになった。日本では普通に見ることができる「典型的な沖積平野」の事例とその微地形パターンを思い浮かべると、タイ中央平原は日本の事例からはかけ離れていることに気付いた。自然地理学では重要な環境要素として「気候、

植生、土壌、地質、地形」などをあげることができるが、これらの環境要素をチャオプラヤ川の河川流域全体から眺めてみることができ、地域多様性に初めて気づかされた。微起伏に過ぎる地形であることにも驚いた。

　1985年、首都バンコクを出発したNRCT（National Research Council of Thailand）の車は、タイ研究者と日本人研究者の7名をのせて、一気にタイ中央平原を走りぬけていった。かつてイギリスの水利技術者が灌漑用水施設計画に関わった5つの灌漑水路の要となる町・チャイナートへと向かった。バンコクから300 kmを駆け抜けたことで、モノトーンな地形起伏を肌で感じることができた。

　見渡す限りの水田景観が広がっていて、時折、水牛が水面から頭をもたげる姿を見ることができた。水田区画の境界線を知るために、独立樹のヤシがたつ位置と微妙な土地利用の境界線のみが、農家の土地所有形態と関わりあることがわかると、環境因子の農業への応答について興味をひかれた。地表面に自模様として描かれている畑の中の農道、微妙な入り組み具合にのみ農業景観の変化が見えてくる。微地形と耕地との関係が、土壌・水と関わることが見えてきた。自然景観に人間活動があらわれる土地利用の景観は、未知との遭遇であった。

　タイ人研究者の通訳をとおして、現地の住民と会話をしてみると、「生活をするために洪水を熟知することが必要であり、暮らしの知恵の基礎がここにある」というような会話からは、高床家屋で長い洪水時期を乗り切っていることを理解した。雨季の水田耕作と営農手法、減水深を聞き取り「タイ農民が自然のリズムを知り尽くした水共生空間」が生活の場である。一年一作を行ってきた深水田における水稲農耕では、単位当たり収量は伸び悩む。また、ハイブリッド米が生産されるようになると、従来の生活リズムをなしていた洪水と付き合い方を変更せねばならない。洪水は生業・生活、地域コミュニティーの活動、宗教など異なる概念を一本に繋げうるものである。また、河川洪水は地域の生業に多様性を与えている。

　「水資源と土資源の2つの恵み」は地域住民の概念であるが、「防災と減災にむけ施設整備を目指した日本の洪水認識」とタイ中央平原に住む人々の洪水認識の仕方は異なっている。しかし、1988年に「南部タイ水害」が半島部タイ

を襲うと、その洪水認識は水害という認識に変化した。

　特段に標高が高いわけでもない半島部タイの山岳地域で大規模斜面崩壊が発生し、土石流に押し流された集落がいくつもあった。旧河道があった水田地帯では、豪雨時にあたかも昔の河川痕跡をたどって水を流すがごとくに川が走った。土石流堆積物は、土石流扇状地に点在して村をひと飲みにしてしまったような自然の景観を映し出していた。タピ川下流平野では洪水が長期化し、河畔に建てられていた新築の家は流出してしまった。未曾有の自然災害は、今まで経験したことのない数の人命損失数を出し、長期にわたる農業障害を引き起こした。タイでは「時の政策方針」の中に、山地や丘陵地域においても「適正規模の伐採を行うべきであり」、「適切な土地利用を計画すべきである」などが盛り込まれた。土地被覆の急激な変化が土石流の原因と考えた国王は、国王令として「森林伐採禁止」を下した。この王令は、それまでのタイの洪水が人間生活と密着することを覆すものではないが、河川流域を見渡した治水を考えるべきであるという方向性までが問われるものであったと考えられる。

　1983年のタイ洪水は、バンコク首都圏において長期にわたる湛水をもたらした。この歴史に残る水害の後、防災計画がたてられたが、当時のバンコク中心部を取り巻くグリーンベルトを外部からの洪水侵入を防ぐとものとして設置し、土嚢を積み上げていった。都市化が進む首都圏では、水災害の減災のためにポンプが設置されてはいたものの、その排水容量が不足した時代であった。王宮をはじめとした国の機関が多いバンコク首都圏の中心部をモンスーン期の豪雨による洪水から防備するため、洪水緩衝地域としての市街地を取り巻く緑地が計画された。市街地を取り巻く道路がかさ上げされる時期もあった。また、洪水防御を考えて放水路計画なども持ち上がっていた（春山 1988, Haruyama 1993）。

　21世紀では、さらに巨大洪水に見舞われることになったのは、タイ中央平原であった。日本や欧米の世界経済にまで影響を及ぼしたのが「2011年タイ水害」であり、洪水が社会問題を噴き出させることになった（春山・Simking 2012）。アジアの首都圏はどの国でも人口稠密な地域が形成されていき、近郊

農村を取り込みながら都市域は無秩序に拡大していく。バンコクからアユタヤまでの区間は、地形的にみると旧ラグーンが広がる地域であり、豪雨が続けば内水氾濫から解き放たれる時間は短い。このような自然環境を背景としながらも、巨大な洪水における災害軽減を考えに入れた「土地利用」計画に反映されなかった。このようなことを考えると、「自然現象の意味・意義への理解するための基礎には、地域多様性の咀嚼が必要である」ことを示しているように感じられる。初心者にむけた地理学が教えてきた地域多様性を、モンスーンアジアの洪水意味論として検討する機会となった。

ヤンゴン大学地理学教室との出会い

　東南アジアに形成された4巨大デルタの開発史は異なり、各々のデルタが投げかける農業景観と地域住民の生活形態は、地域ごとに多様性がある。マンマンエー博士とケイトエラインさんとの出会いがあったからこそ、東南アジアの4つ目の巨大平野であるミャンマーのデルタを踏査する準備段階に入ることが可能になった。エー氏は、学生時代にミャンマーを代表する成績の特別優秀学生であり、ヤンゴン大学から国費でオーストラリアの大学への留学を果たした。帰国後、ヤンゴン大学で自然地理学を英語で講義していた。この丁寧な指導と厳しい指導は学生を大きく育て上げ、エー氏の試練を受けて巣立った地理学者の資質は高いものがあった。実際、ヘンサダでのボーリング調査で出会ったヘンサダ大学の教員も英語力が高かった。

　ヤンゴン大学を初めて訪問した時期、教室主任教授はキンキンウェアイ氏が務めていた。小柄で明るい性格の女性研究者であり、ヤンゴン近郊農村の土地利用変化の研究をしていた。実際、この研究者に案内していただき、ようやく移り変わろうとしてた首都圏に隣接する農業地域が、工業化に引きこまれながら変化しようとしている時代をみることになった。

　ヘンサダで最も印象に残るのは、エー博士を師に仰ぎ、神格的身分を持つ人として敬服し平伏す姿であった。ヘンサダ滞在時、エーヤーワディー川河畔に建つ小さな寺院にエー氏とともに招待された。ヘンサダ大学教員たちは、民族

序. エーヤーワディーの贈り物　7

ヤンゴン大学地理学教室の建物

衣装を纏い博士と向き合い座すと敬虔な祈りを捧げ、仏様に供物を供えるのと同様に、博士に供物を手渡す場面にも遭遇した。この後、ヘンサダ中心街から外れるが、河畔に建つ一軒の中華料理屋において質素であったが、教え子達がエー氏をむかえるにふさわしい厳かな懇親の宴を催した。

　当時のエーヤーワディー川河畔に立地するヘンサダは、自転車とバイクでごった返していた。農産物集散地ではこの巨大デルタで生産された米、蔬菜・豆などを扱う店が軒を並べていた。河沿いに建つ古めかしい作りの2階建ての宿で数日間を過ごした。木製椅子と机のみの広いロビーは、電燈1つの薄暗い空間であった。壁には裸電球が照らし出すセピア色の写真、幾世代に渡りこの町を見つめたのだろうか？アウンサンの顔写真もこの壁に貼り付けられていた。この宿舎の2階に1部屋を得て、10日間の現地調査のための生活を始めた。鉄格子入りの小窓のみが明り取りであり、裸電球1つの薄暗い部屋は簡素な造りだった。1階には窓ガラスのない開放的な厨房があり、炊事場におかれた電気コンロを借りて、ヤンゴンを出発する時に購入してきた缶詰、パン、パッケージ入りの飲食物を温めて朝食としたことが懐かしい。

　宿の外で呼び声が聞こえたので玄関先に出た。宿背後の自然堤防の緩斜面で「茹豆、茹落花生を買わないか？」とリヤカーをひく商人が声をかける姿があっ

た。ビニールパック詰めの落花生を商っていた。宿舎を出て自然堤防を越えるとエーヤーワディー川河床に至る道、河床に降りていく崖には古エーヤーワディー川の運搬砂礫が形成してきた見事な水平層理を観察することができた。エー氏は、同行してくれたヘンサダ大学の教員に、ミャンマーの河川諸言を昔のように一つ一つ確認して、その解答に満足そうに頷いていた。ヤンゴン大学勤務時代の話は、地理教育指針であった。会話を楽しみながら、車に揺られヘンサダからパテインに向かった。

　パテインは大きな田舎町である。総合大学パテイン大学は、緑の中に静かな佇まいを見せていた。パテインは「雨傘」で有名な町である。日本の和傘である「蛇の目傘」に似た形をした、ミャンマー漆が塗布されたパテイン傘は赤、ピンク、黄色の下地に可憐な花が描かれている。色とりどりのパテイン傘を生産しているのは、家内工業的な傘工房であって、町中にミャンマー漆の匂いが充満していた。物売りの怒鳴り声と怒涛・喧噪が終始するヘンサダの町と比べると、パテインの町には緩やかな豊かな時が流れていて、行きかう人の動きのテンポは歩く速度であり、時間スケールは自然環境の在り方と寄り添っていた。訪問した時には、この町には信号は1基しかなく、町を走る車の台数も少なく、街区は木々に囲まれた緑色濃い豊かな自然が堪能できるものであった。優雅なロンジー姿で町を歩く女性たちの笑顔の絶えることのない顔、楽しげに語らいながら歩く姿が印象的であった。

　この町の南部地域はデルタ域にあたるため、地盤標高は2 m前後にすぎない。一部、5～6 mの低い標高の海成段丘が一部で顔を出す箇所がある。全般的に地盤標高は低いものの、海成段丘上に位置しているため、町では洪水被害は頻発していないとのことであった。この町の中心をなす市街地には黄金に輝くシュエーモートウパゴダが建立されている。夜、広々とした芝生のあるホテルを出て星空を見上げると星の数の多さに驚いた。黄金に輝くパゴダが、暗闇に照らし出された神々しさにも魅了された。夜半に皆でパゴダまで足を延ばすことになった。素足で境内を歩くとミャンマー人の仏教に対する真摯な姿を認めた。

ケイトエラインさんの夫君がパイロットとして勤務するパテイン飛行場には、広々とした宿舎が用意されていたので、ボーリング調査時にはこの宿舎で昼食をとることにした。米粉の麺で準備されるモヒンガーは、ミャンマーの定番麺料理メニューであるが、ここでは魚介類が具として入っていた。夫君の丹精込めて育てた淡いピンク色のバラが玄関先で咲き競っていた。広々とした室内は、ミャンマーの北部地域で織られた色とりどりの間仕切り布、木扉で仕切られた仏間には佛花が供えられていた。2005年、パテインの朝は早かった。早朝に托鉢して歩く列、炊き立てのご飯と供物を差し出す人々、参列する人々に丁寧に会釈をして俯きながら歩く僧侶、僧侶の列と奉仕する住民、供物を差し出す人々が深々と頭を下げて僧侶を敬う姿など、宗教事例が織りなしている光景が早朝一番を知らせるものであり、1日の始まりの時が絵巻物の世界のように見せてくれた。

　パテインからは凹凸の激しい舗装されていない道路が、ラカイン山脈の南部を切って伸びている。ラカイン山脈の南部地域では、2009年時期にすでに道路建設と森林伐採が進んでいた。伐開された新開地には、木材でしつらえた簡素な家が建っているばかりであり、林野で働く労働者の姿を多く見かけた。広域にわたる裸地が無残な姿であり、伐採したばかりのチーク材を満載してヤンゴンに向かうトラックが行き交う光景を見た。

チーク材が運び出されていく

アグロフォーレストリーの1つである「タウンヤ」という言葉が、この変化しつつあるミャンマーでも生きているのかを確認してみたいと思った。ミャンマーにおけるタウンヤ、すなわち、アグロフォーレストリーの運営の歴史は長い。先史遺跡が多く埋蔵されている平原中央部のピーという町、この町にあるターイエーキッタヤー遺跡を見学した。この時、遺跡の案内役をかってでてくれたピー大学の若い地理学者に、タウンヤについて聞いてみた。現在でも、ピーでタウンヤが行われているとのことで、遺跡近くのタウンヤを案内していただいくことになった。緑地形成のために植林を施し、林間に畑作物を耕作しているタウンヤであった。タウンヤの土地利用体系は、現ミャンマーの土地利用に繋がると理解できた。

　巨大な世界経済のうねりに飲み込まれ、閉鎖社会から脱却したミャンマーの時間推移は速く、社会構造の変化も急ピッチに進んだ。大規模な土地被覆変化をもたらした巨大開発が、自然環境に対してインパクトを与えた影響評価はないままに、丘陵や山地で大規模伐採が開始した。チーク林と熱帯植生の喪失した斜面には、赤色土壌が露出していた。モンスーン期の激しい雨が、むき出しの丘陵斜面を打ちつけて斜面崩壊が発生する。斜面からは土砂が流し出されて堆積しているところがあった。開発の進む道路を隔て、視界が180度開けると、突然、美しいアンダマン海がみえた。アンダマン海で休暇を過ごそうとチャウンタービーチまで、ケイトエラインさんの夫君が車を走らせてくれた。海辺は白砂で、沖合にミャンマー風マーメイド像が白い浪間に見え隠れしていた。水着姿で泳ぐ人はなく、ロンジー姿で水遊びをする乙女がいるだけであった。

地方都市に映し出された伝統的社会の空間

　ミャンマーの現実の社会を映し出す社会景観に、50年前の私が過ごした田舎町での日常生活が重なって見えた。私の両親の2人の祖母が生きた1970年代までの愛知県安城市・碧南市での事例を見てみたい。今でこそ、宗教は新年と人生のはじめ、終わりなどにかかわるのみであるが、当時を思い起こすと、村落の仏教施設・寺院・神社などは、地域社会の日常的な生活と密接な関係を

保っていた。幼年期を思い出すと、その当時の「安城は日本のデンマーク」という名称であったことが頭を霞めるような養鶏と養豚が盛んな地域であり、隣接する西尾では鎌倉時代からと伝承される茶栽培もおこなわれていた。

　祖母の家族が暮らしていた家には「井戸」があり、これが台所の中心部をなしていた。そして、この水場に隣接して「五右衛門風呂」があり、薪を燃やして米を炊き、火をくべて風呂を沸かすのは日課であった。農家の土間は農作業場であり、縁側ではジマメ（落花生）を乾燥させていた。当時、私は炒った落花生ではなく、落花生は茹でたものを食するものと考えていた。

　矢作川の下流に展開している沖積平野は、「洪水に地震に」と常に自然災害に直面していた。第二次世界大戦という大きな歴史のうねりのなかにかき消されるように、写真に残されてはいるものの、三河の地震の伝承が消えかかっているが、この地域の受けた震災の爪痕、被害は大きい。江戸時代に営々と受け継がれた新田開発は、デルタの洪水には脆弱な土地である。大きな堤防が矢作川に作られていった時代である。

　この田舎町では、地域住民は宗教施設において日々に必要な仕事・活動を行うことに対して何ら対価を伴わず、どの家庭からも手伝いを出していた。寺院で行われる1年間の様々な催し、仏事暦に合わせて寺院内で行う活動と日々の境内の清掃は地域の人々が集う日常があった。農夫らが忙しげに朝餉を終えて、野良着に着替えて畑にむかう、一方、野良での農作業に関わらない老婦人は、寺院清掃を地域の人々と行い、僧侶から説教を聞くことが楽しみであった。祖母の家の近隣を覗いてみると、どの家の中も中心部に大きな仏間があり、人の一生がかかわる葬儀や法要などの仏事ならずとも、宗教が1日の生活リズムをなしていた。

　早朝から、一家そろって仏間で「経をあげること」は、「朝一番のお勤め」であった。浄土真宗に帰依する家が多く、1番大きな部屋は、仏間で煌びやかな仏壇に先祖代々の位牌と仏具が所狭ましと並んでいた。

　年末ともなると、元旦を祝うための準備の1つに仏壇・仏具清掃があり、これは子どもたちの仕事であった。仏間は一家の精神を支えるために設けられて

いた聖域空間であった。大学4年の年、他界した祖母の葬儀が仏間で行われた。通夜には親族以外に近隣の人も含めて座し、大きな数珠玉を回しながら一昼夜「百万遍」を唱えた。仏事は家の中で行なうものであって、近隣の人々が数日間にわたる仏事を滞りなく済ませるように、仏事の間、料理を提供してくれた。

　1年の始まり、いくつかの祭り、年度の終わりと寺院と神社は村になくてはならないものである。かけ馬の祭りには子ども達に「おひねり」が投げられる。祭りは1年間の行事の中でも子どもにとって楽しみなものであった。

文化が香しいミャンマー

　ミャンマーには日本とは異なる宗教景観がある。パゴダ、仏教寺院が多く建造されているが、その中に歴史の重層性を見ることが可能なヒンデイーの寺院もある。また、イスラムの寺院もある。ヤンゴン市内には民族と宗教が基盤となす「民族地区」もあり、衣装の異なる、食文化の異なるエリアをなしていた。

　パガンには多くの歴史的遺産がある。広々とした寺院には日本の仏像とは異なる顔の仏たちがさまざまな方角に、様々な形態でたち、座している。信仰心の篤いミャンマーの人々は手に花や線香を持ち、仏像の前にいざり寄り、尊敬の念で祈りをささげている姿がある。

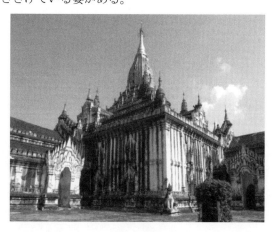

パガンの寺院

エーヤーワディー川の調査時、河川の自然史を語ったマンマンエー博士、家族ぐるみで調査に対応してくださったケイトエラインさんのご家族、資料探査と複写物を提供したヤンゴン大学キンキンウェイ博士、若いミャンマーの地理学研究者に4年間の研究期間、御世話になった。ケイトエラインさんは寺院やパゴダでのミャンマー人の習慣を語り、実践しミャンマー文化が規定する「しきたり」、境内での祈りの作法、裸足歩行の意味、相互敬いの気持ち、高齢者への労りと尊敬の思いなど、地域社会で生きる人々への相互に対しての敬いなどの社会規範を語ることが多かった。ミミッチー博士は東ドイツに留学してヤンゴン大学地理学教室に戻ると教室主任をしていた。この博士とはヤンゴン市内のいくつかの寺院を訪問し、僧侶との会話をすることができた。教員という仕事を終えると毎日欠かさずに寺院を訪問し祈りをささげているとのことであった。

ミャンマーでの調査

ミャンマーの地域社会が営々と受け継いだ社会規範、住民が地域で暮らす地域特有のルールに触れた時、日本社会・日本人は精神・心をどこかに忘れてきたと感じた。ケイトエラインさんは4年半を東京大学大学院新領域創成科学研究科で過ごし博士号を取得し帰国したが、JSPS派遣研究者のPDとして三重大学大学院には2カ年間にわたって在籍することになった。この時、エーヤーワディーデルタのオールコアボーリングの土壌試料分析、デルタの地形分類図作成と図面トレースを手掛けた。

地理・自然環境に関わる資料が少ないなか、手作りの講義材料でミャンマーの自然環境の講義資料を作成した。ミャンマー関係資料は僅少で資料入手も困難であった。限られた資料で気候、地形、人口分布、土地利用図などの基礎的講義材料が整い、エーヤーワディー流域とインレー湖周辺地域の土地利用変化図を作成し、データをもとに現地調査の有無を考え始めた。地形分類調査時に採水したサンプル瓶を持ち帰り、水質分析を継続して、エーヤーワディーデルタの水質分布を要素分布図としてまとめあげた。

同時期、三重大学大学院博士課程に在学していた松本真弓さんは数回にわたって岐阜県立図書館の地図資料室に通い、流域全体をカバーすべく外邦図を複写してきた。この地図をデジタル化して繋ぎ合わせることにした。この外邦図と日夜、格闘しながらマンダレー盆地より上流地域までのエーヤーワディー川の河川形態と形状を計測する毎日であった。現地調査では現地企業の1つであり総合的な開発研究を行っているのが SUNTEC である。大きな企業であり、ミャンマー政府と関係もある企業である。地質部門が充実しており、地質技術者は多くのボーリング調査を手掛けていた。この地質技術者が古びた機械を使い、30 m まで掘削し、ロータリーを回して土壌を引き上げてくれた。引き上げたオールコアの土壌サンプルを境内で切り分け、一つ一つを手際よくボーリング図として記載したのが松本真弓さんであった。松本真弓さんは辛抱強く長い時間をかけて引き上げた土壌サンプルを粒度分析、EC、塩分濃度などの分析を丁寧に行い、几帳面に図面としておこしていった。その後、松本真弓さんは研究から離れ、長時間かけて作成したデータと資料が埋もれてしまうことになった。ケイトエラインさんの協力を得て行ったデルタの地形調査、研究室において行った外邦図を基礎とした河川形状計測などの結果が埋もれてしまうので、一度、まとめておきたいと考えた。

　エーヤーワディー川の河川形状、堆積物の分析結果は日本地理学会や地球惑星科学連合などの学会で発表し、これらで公開したものも本稿は含んでいる（松本・春山 2010, 松本・春山・Kay 2011; 2012）。国際地理学連合、GLP 等で発表した内容も含めた。アジア諸地域の土地利用・土地被覆変化研究（氷見山委員長）のプロジェクトに参加し、それまで手掛けたことのなかった土地利用研究分野にまで研究範囲を拡大した。ミャンマーにおける土地被覆変化をつぶさにみる機会ともなった。20世紀末－21世紀の、モンスーンアジアの諸地域では急激な人口増加に伴って劇的に土地利用が変化し、流域の土地被覆が変貌していた。

　この変化の一対として斜面地での崩壊と土砂災害、平野での洪水の長期化など自然災害は巨大化し、顕在化していった。自然環境は人間活動の変化と人文

序. エーヤーワディーの贈り物　15

的側面に大きく影響を受け時々刻々と変貌している。時として集約的に土地利用・土地被覆変化の一断面として表現され社会構造変化も読み取れた。ミャンマーの文化的景観の基層には人文・自然環境の双方に支えられる環境共生型社会がみえる。

　当時、ヤンゴン大学地理学教室で教鞭を取っていたケルン大学クラウス博士とは大学宿舎で都市の変化の議論を楽しんだ。この時、「ミャンマーの教育システムの肖像」にまで会話がおよび、ミャンマーの大学組織を理解する糸口ともなった。クラウスさんとは 2011 年サンチアゴ IGU 地域会議、その後、2012 年ケルン IGU 本会議でミャンマー社会について議論を交わしたことがあった。彼女とはヤンゴン市の旧植民地時代の建造物の将来について、また、ミャンマー各地の都市の将来も議論した。クラウスさんはヤンゴン大学客員教授としてケルン大学学生と都市調査を行いヤンゴン将来都市計画に関わるシンポジウムを開催した。急激な開発の波に揺れるヤンゴン市街地の歴史的建造物が壊されていくなか、市街地計画に景観、歴史、文化の継続を考慮することが必要だと説いていた。

　一方、経済発展を望む人々にとっては開発を妨げる「景観保全事業」や「歴史文化の保全事業計画」に対しての意見は異なっている。このような中でドイツの都市計画、イギリスの都市計画、アメリカの都市計画などにみるような地域資源の活用をめざしていくこと、新旧が混在している文化共生を可能な空間経営の戦略として計画論の中で展開していることができるだろうか？

1. 東南アジアとの邂逅

1.1 外邦図との出会い

　精力的な研究で外邦図の作成経緯を明らかにした小林（2006）は「近代日本の地図製作と東アジア」の著作によってこの外邦図の歴史を示した。小林編（2009）はさらに『近代日本の地図作製とアジア太平洋地域』を著し、外邦図から歴史的空間情報に着目した興味深い論考を展開していった。

　小林ほか（2014）は外邦図を用いて台湾の土地利用と灌漑の研究を行った。外邦図は限られた紙面の中に描かれているものではあるが、「ある地域の歴史的な空間情報が少ない地域」であっても地形図として描き、地域を俯瞰することを可能とさせるものである。地図資料そのものが少ない東南アジア諸地域においては外邦図の歴史、描画方法などを研究するのみならず、アジアの地域研究を推進していくための基礎的な資料を提供する研究材料としても評価が高い。また、作成当時の地域情報のデータベースとしても用いられている。外邦図の作成経緯が明らかにされ、地図類はデータベースとして公開されるべく準備が進められていた（小林編 2009）。

　ある地域の都市としての成立過程、ある地域の都市形成の成熟過程に関わる歴史的過程を外邦図から読み解くことができる。地域研究と対峙する時、地理的な要件を理解するための助けとなるのが外邦図である。東南アジアの諸地域を記載し、地理情報を提供している「外邦図」は20世紀初頭を読み解く１つの道具として便利な道具である。

　もっとも、外邦図に記載されている事象の位置・情報について正確さを問うことはできない。しかし、ある時点の空間情報を示しているために20世紀初頭の自然景観・人文景観と相互関係を読み解くための鍵である。外邦図は「地図表記と書かれた時代との遭遇」、「記載への驚き」、「100年前の景観を探訪すること」、「限られた紙面での地域特有の事象を発見すること」、「地形景観を読み解くこと」などをもたらすことができるものでもある。記載されている地名

に中に言語的、社会的な背景を読み取ることもできよう。「地名の語源」の所在を想像してみると、山岳地域を居住空間としている少数民族の生活背景、生活領域も見えてくるような気がする。少数民族の日常生活の温もり、歴史文化などの温もりさえも感じられる。「手書きタッチの等高線」が表現する地形図には親しみがわくものである。「旧宗主国の考えた地域計画と植民地政策」への輪郭への想像の輪は広がる。

　外邦図に素描される鉄道線路や駅の位置としての「場所」を考えながら、土地利用景観を復元していき、当初の地域計画を思い描くと、輸送形態から当時の経済も垣間見えてくる。「河川は農業用水資源として利用されたのか？地形と農業施設、灌漑施設との関係は？」と考えて河川流域全体を見ると、優れて「自然環境と共生する環境共生的な農業・農村のある景観」があったと気が付く。

　農業農村の領域・圏域、自然環境の1つとしての河川流域が示す「場」は人文的な景観を創成している。幾世代かを超え、展開した王朝史で実現した灌漑農業はドラマのように脳裏に鮮明に映し出されていくものである。いつの世も農業を支えるための灌漑排水施設は社会の基盤であったが、この施設設計にはつぶさに原地形を見極めることができることが肝要である。これは土地利用体系をなす一部であり、時代を超えて「在地の知の体系」として読み解くことへの興味がわく。また、限られた範囲であるが当時の農業土木技術との関係についても興味は尽きることはない。一方で、外邦図から局地気候と水資源運用との関係性を推測する楽しみもある。「流域の人々の生活空間としての自然環境」を空想すると、外邦図を読む楽しさは限りなく広がる。

　素描された地形図には異なる縮尺での表現がある。スケールの違いで表現手法も異なる。2万分の1縮尺、5万分の1縮尺などでは村落・都市の立地が見通せる。一方、延長距離が 2,000 km を超える大陸部の大河の情報を得たい時、荒い記載ではあるが、「50万分の1縮尺」は流域規模として河川の地域性を知るためには都合がよい。初版から100年ほどが経過した現在、作成された当時の地理的空間情報を提供してくれる外邦図は、アジア地域を知る情報源である。

1.2 東南アジアの肖像

　わたくしの手元には数枚の外邦図がある。これは早稲田大学教育学部で自然地理学教育に携わった故大矢雅彦氏から譲り受けたものである。東南アジアの河川流域を河川地理学の研究対象地域として現地を歩き、地形調査を行った地域では「水害地形分類図」を作成していった。研究時間の多くを東南アジアの沖積平野を調査することで過ごしていた。また、第二次世界大戦後の荒廃した日本の国土に目を向け、基礎的研究としての地形学のみならず、不足する食糧増産、安定的な生産性を求めている農業土木と共同し、また、水害軽減のためには河川工学分野とも両輪として活動することで沖積平野研究の応用分野への道を開いた。

　将来的に安定的な農業生産、農業経営、食糧の持続的供給にむけた議論があった。東南アジアの沖積平野、日本の沖積平野では戦後の復興と安定的な農業生産を目指した洪水軽減のための地域デザイン論が必要であった。沖積平野の河川地形学「いろは」を学び、地域レベル、流域レベルの防災計画提案にむかう研究であった（春山 1990; 1991; 1992; 1994）。

　メコン河中流地域に内陸小国のラオスが位置する。小さな国の小さな首都ヴィエンチャン市はメコン川に沿って展開している町である。故大矢氏が地形調査を開始した時期、すなわち 1966 年のメコン川の中流をなすヴィエンチャン平原はまさに大出水の真っただ中にあった。首都の西側に広がる氾濫原、特に自然堤防の背後に形成された後背湿地に FAO 農場と記された地区があり、この土地は 1966 年水害においては巨大な洪水被害に見舞われることになった。巨大洪水はヴィエンチャン平原の多くの農地・農村を流し去ったのみならず、長い災害後の疲弊の時間を経て、さらに二次的災害被害である疾病、食糧不足が農村・農家を悩まし続けた。

　1990 年代後半のことであった。いつものように大矢氏と NRCT 職員とタイ中央平原で地形調査を行った。タイでの調査を終えると、ラオ・アビエーションに搭乗しヴィエンチャン空港に舞い降りた。ヴィエンチャン平原から小さなローカル空港で文明とは何かを問いたい飛行場を後にして、さらに壊れそうな

飛行機に乗り込むと、「数羽の鶏が鳴く喧噪とフランスパンを抱えたラオス人」と乗り合わせることになった。落ちそうな小型飛行機に乗り継いで、ラオス内陸部の山岳地域に位置するシェンクワン県に向かった。

　この内陸部の山岳地域には巨大な「石甕(いしがめ)」がありジャール平原と呼ばれている。この石甕の由来、用途については当時の仏人女性考古学者コラニー氏の論考がある。ラオスがインドシナの一部でありフランスの植民地であった名残である。ここにはいくつかの考古学的な研究が存在している。メコン川に沿って展開する広々としたヴィエンチャン平原の稲作農業景観と比べると、ジャール平原の地形とは違い、その生業も全く異なっている。

　内陸部の人口は少なく、少数民族の村が点在している。細々とした灯りが家々に灯り始める夕餉時(ゆうげ)を見ると、この山岳地域の農村の景観がラオスの残照であるような気がした。文明とは何か、文化とは何か、それでもアジアの国々に共通する農業生態と食文化があること、などをつらつらと考えながら、野原ににわかつくりのように設置されたシェンクワン県の小さな空港に降り立った。当時の小さな空港は整地されただけの空地に木柵、待合用の小屋があったにすぎない。

　空港に出迎えた宿の主人に伴われて一軒の農家を訪れた。蒸かした糯米(もちごめ)が竹籠に盛られ、蒸かした野菜とともに運ばれてきた。ラオス茶とともに昼餉(ひるげ)を振る舞われた。素焼きの大甕にタップリ入った地酒を勧められた。甕には稲穂が浮いていた。藁のストローが甕に差し込まれて、飲んでも、飲んでも、いっこうに甕の中の酒の量には変化がみられない。杯を傾けるたび酒甕には次々と水が注がれ、甕の中の酒量は質が変わっても量に変化がない。水で薄められた酒を飲み続ける。甕酒を飲み干すまでに相当な時間がかかったように記憶している。

　シェンクワン県の中心部をなしている町には一筋に延びる村道がある。この道を歩く若いメオ族女性を見かけた。2人のメオ族女性はともに薪を背負って山道から下ってくるところであった。身に纏っているのは色とりどりのメオ族特有の民族衣装であり、いぶし銀のようにラオス山間部の風土に溶け込み山の端に繋がる道に一筋の輝きを与えていた。地表を潤している流水はシェンクワ

ン県の緑に揺れる棚田を抱える農業地域を彩っていた。渓流からの閼伽水(あか)は、丁寧に継がれた竹筒を伝わりゆっくりと家々に流れ、渓流水は田越しで丁寧に一枚一枚の田圃に落とされている。棚田はこの地域を代表する田園景観の1つを成している。アジア農山村の日常的な生活空間を映し出していた。幻想に近い光景であり、脳裏に焼き付いている。早朝、朝市に向かう道すがら「鳥打ち」用の手製パチンコを手に、ネズミのような動物を籠に入れた農夫を見かけた。朝市には所狭ましと農産物が並び、朝採取した山菜と農夫が持ち込んだ小動物も売られていた。

　2006年、東北タイの小さな町から橋を渡ってヴィエンチャン市に向かった時、ラオス社会が大きく変貌を遂げていたことを理解した。緩やかな時間が流れる町、河畔に並び建つ集落に見え隠れしている伝統的社会の佇まい、立ち並ぶ露店とフランスパンの山、煮えたぎるアリのスープ、焙烙(ほうらく)で炒ったセミなどが食用として所せましと並べられて売られていた。これがヴィエンチャンの町で見たものであった。1960年代のヴィエンチャンも同じ農民の姿があり、1980年代に私が見た土地と似ていたのだろうか？

　21世紀初頭、ヴィエンチャン市街地は外国人の宿泊施設、ホテルが立ち並び、町を歩く人々は足早やであった。故大矢氏はメコン河支流のナム川とチー川、ヴィエンチャン平原を精力的に調査していた。この調査結果の1つがメコン中流地域の洪水状況図であり、「5万分の1縮尺の地形図」を基図に作成されたメコン中流地域水害地形分類図に示された。古ぼけて黄ばんでいるが調査結果の賜物「メコン川中流地域の水害地形分類図（大矢雅彦調査・制作）」（Oya 1977; 1967）を机上に広げて眺めると1966年メコン洪水状況が想像できる。

　この図から、地形単位ごとに洪水被害のレベルが異なることを読み解くことができる。この時代にこれだけの地域情報が掲載されていて、当時の洪水状況までが地形単位で分類されたことに驚いた。豪雨時の本流河道から溢流した洪水流は流下方向に方向線を矢羽で記載し、これを読み取ると湛水状況のみならず、洪水流が沖積平野の微地形に応答していたことが理解できる。調査時に住民から聞き取った洪水状況も示されている。自然地理学を学ぶ学生用のテキス

トとして企画された『河川地理学』(古今書院)の冒頭に「洪水の繰り返しで沖積平野の微地形と微地形の組み合わせが形成された」という説明がある。巨大洪水と地形との対応が手に取るようにわかる。1966年のメコン河流域の洪水状況を湛水深度分布と湛水期間を読み取ると、中流地域の洪水史が理解できる(春山・大矢 1990)。

　言い古された言葉「温故知新」はさまざまな状況の下で、さまざまな意味でも用いられている。自然災害を学び、災害軽減のための手法を考える研究分野においては、この言葉は「在地で用いられた防災・減災の知恵と技術から学ぶこと」、「長い年月をかけて形成されてきた地形は、自然災害時に形成当時の振る舞いをする」、「災害史のある地域は災害を乗り越えるための防災組織である地域コミュニテイーは、歴史をひきつぎ現代社会をささえてきた活動の賜物」とも理解できる。災害プロセスを理解することは、減災の知恵を学ぶことである。過去から現在を読み、将来を考えることがこの概念にある。地域社会として活動規範、地域ごとに育くまれてきた地域特有の組織、組織の活動は優れて地域多様性がある。組織活動には地域に培われた在地の知恵、地区レベルの自主的防災活動の実行母体と重なる。このような視点でみると、現地調査の必然性が繋がり地域ごとに防災・減災が地域の克服すべき課題であるようにも思える。

　災害軽減に向け災害時の避難行動・災害後の復旧活動などの数多くの経験を経てきた地区では、減災を地域計画論の中に入れることはたやすい。流域単位、地域単位の複合的圏域を組み合わせて、減災を議論するための1つの道具箱となる。図示された「主題図」は、河川地形の歴史的な意味と洪水氾濫の実例との関係について、概念モデルが例示されている。また、すでに濃尾平野の水害地形分類図は、伊勢湾台風の被災状況と地形相互の関係が実証されている。東南アジアの巨大デルタでの減災を考えるため、河成地形を学ぶことが期待される。水害地形分類図では、地形ごとの意味と地形要素が過去に経験した洪水状況が併記されており、この主題図を読む人々に洪水と地形との関係をわかりやすく示している。河川工学分野の研究者に地形学からのメッセージである。わたくしが早稲田大学で自然地理学を学び始めた頃、故大矢氏はバングデシュ、

タイ、マレーシア、ラオス、ベトナムそしてビルマのデルタを研究対象地域としていた。

　精力的な地形調査を推進した結果を自然地理学の講義で説明していた。「地理学は現地を見ることが大切であり、現地調査では土地が語る声に耳を傾けることが大切なことである」とは、故大矢氏の言葉である。「地形図や空中写真のみで推測できない事象を現地調査で再認識できる」と、東南アジアの体験を楽しげに話されていた。講義では黒板いっぱいにスケッチ技術で「河川地形、人の暮らしぶり」をさまざまな色チョークで描かれた。講義室に液晶プロジェクターが設置される時代ではなかったが、スライドを用いて調査現場の写真を講義資料として用いて、常に臨場感あふれる話術であった。

　「自然地理学の講義は未知の土地を訪問する追体験」であり、情景を思い浮かべながらの語り口は現場に立ち会った錯覚をおこした。海外調査、海外旅行とは縁のない当時の学部生には、未知の世界を目近に見ることができるものであった。現地調査は政治的争いに巻き込まれて発砲をともなった危険な場面では、まさに「九死に一生を得た」という話もあった。独立間もないバングラデシュは経済発展をめざしており、交通問題解消にむけて大河の架橋計画が持ち上がっていた。巨大河川に設置する架橋地点を河道変化の少ない地点を地形学的に分析し、ブラマプトラ・ガンジス・ジャムナ河の架橋候補地の現地調査時には爆音と同時に寝泊まりしていたテント上部が吹っ飛んだという話もあり、脳裏に焼き付いている。この調査が地形分類図を作成に向け、図示されると架橋地点が決定された。

1.3 相互に繋がる社会景観が教える地域可能性

　1960年代、幼年期に私が住んでいた東京下町低地「浅草」界隈では、「路地裏」が子ども達の遊び場であった。隣近所の人々が家族同様に暮らすような生活環境があった。地域住民は助け合いをするのが日常であり、連れ合いに先立たれた隣に住む大工さんが洗濯に困ると、母親は当たり前のように汚れた衣服を引き取り洗濯し、食事を提供していた。この「地域密着型の生活実態がある社会

景観」の展開する浅草下町は、一年を通し、三社祭に代表される「祭り」と「市」で子どもには楽しい町であった。季節を感じる下谷朝顔市、鬼灯市、千束町大鳥神社酉の市などの「市と祭」が幼少期を蘇がえらせる。「市」では子どもが魅力を感じる露店が立ち並んでいた。

　平常時でさえ、三社祭りの会話が弾んだ。祭り催行までの3週間、地域の人々の仕事は自治会集会所に集まり、祭りを準備することだった。三社祭り当日ともなれば、早朝から浅草神社に出向き神輿の準備に追われる。祭り開始を告げるアナウンスを待つ人々が境内に溢れていた。神輿に遂行する自治会の年寄は、今か今かと開始の合図を待っていた。露店が所狭ましと並ぶ境内、子どもたちのお目当ては割りばしに巻きつけた色とりどりのふわふわの綿菓子、鼈甲飴、シンコ細工の飴、ベビーカステラ、たこ焼、金魚すくいと風船玉すくいであった。露店と笛や太鼓のお囃子（はやし）が流れる「はしゃいだ空間」が祭りであった。当時の小学校は、祭り参加を奨励していた。神輿を担つぎ疲れ、「ワッショイ、ワッショイ」、「ソイヤ、ソイヤ」などの威勢のよい掛け声を終日張り上げて、翌日には完全に声をつぶしてしまう子ども達が多かった。祭り明けの日、小学校ではしわがれ声の子ども達が祭りでの神輿担ぎの自慢話をするのが常であった。祭りは必ずしも宗教心から生み出される行動ではないが、祭りを通して地域社会での紐帯（ちゅうたい）が形成されていき、住民が相互に社会の中での役割を繋ぎ留める仕掛けのように思える。

　「ものが豊富に市場に溢れかえり、でも、季節感のない農産物が常に並んでいる」という現代社会では季節を肌に感じることが少なくなった。スーパーマーケットでの買い物が普通になり、「旬の食材について、食材の調理方法」などを話題として、売り手と買い手に季節に富む会話もなくなった。スーパーマーケットの備品籠に手早く野菜や果物を手早く放り込んで、無言でレジに並ぶ。最近は、さらにこのプロセスにさらに無人化が進められており、セルフレジのマーケットも出始めている。

　隣家と話をせずとも生活は可能である。無会話が普通、スマホ片手で日常生活が成り立つ。井戸端会議にみる「地域社会を映した下町景観」が失われて、

時間が経過した。自治会、町内会活動を行うのは面倒であり、回覧板もやめてほしいと考える地域コミュニテイーが出始めている。勤務先が唯一の関わりあるコミュニテイーであるが、居住者は地域コミュニテイーの一員であるという意識はない。地域と生き、地域で生活する地域社会の在り方の曲がり角である。

これとは異なる社会景観が1960年代、1970年代の浅草下町にあった。生活の至便と物質文化に恵まれた生活空間ではなかったが、当時、浅草下町の夏の裏路地では、床几(しょうぎ)を並べ団扇を煽ぐ光景があった。隣家と話し、よく喋る、隣家の噂話をすることも楽しみであり、隣人を気にかけ支援しあうための生活舞台があった。隣人同士が相互依存をする地域社会であった。晩秋に「熊手」が商われる千束町大鳥神社の「酉の市」は年2回と3回があり、縁起を担ぐ商人が境内に詰めかけて威勢の良い掛け声で熊手が売られていた。境内には売り手も買い手も相互に縁起物を手にする喜びを分かち合って、歓喜に満ちた顔と顔がそこにはあった。大鳥神社の境内では熊手売りがひしめき合い、境内の周辺は切り山椒、ベビーカステラ、七味、はやりの玩具、水飴とパチンコ、たこ焼に焼きそば、お好み焼きと串焼きなど、さまざまな匂いと香りでごった返していた。

12月になると浅草寺境内は、羽子板市一色となる。浅草の1年の締めくくりで年を越す。新年の挨拶、節分、雛祭りが終わると次にやってくるのは、「浅草っ子」が1年間待ちに待った「三社祭り」である。4月末、地区の人々は浮足立ち、小学校での会話は祭りでもちきりとなる。町内会にも神輿はあるが、一際大きな三社神輿を担ぐことは生き甲斐であった。子どもたちは町内会の山車を引くことが楽しみであり、引いたことは小学生の自慢話となった。祭りの準備は楽しく、当日には土間を開放し振る舞い酒の「もてなし」もあった。「生活を地域で楽しむ」人々が住まい方を共有していた。「優れた地域コミュニテイーの塊として地域社会が存在し、優れた地域社会ネットワーク型の社会を構成していた」と感じる。幼少期の1966年洪水時、ゼロメートルの浅草地区では、大洪水で動きが取れないことがあった。床上浸水を免れ、生活を守るために庶民は玄関先に畳を立てかけ新聞紙を詰めこみ、玄関からの浸水を食い止める工

夫をしていた。下町での洪水は流域の都市利用変化、地盤沈下が加わり激化していた時代でもあった（Oya and Haruyama 1987）。

　たぶん、その時期の東南アジア社会を眺めると、東京下町浅草に似た都市・農村の地域コミュニテイーを基盤とした地域社会が存在していて、自然環境に生活基盤を置いていたのではなかろうか？現代社会にみるミャンマーの「町と村」、旧首都として経済都市ヤンゴン市にも人の顔が見える空間があった。浅草下町の地域コミュニテイーに似た居住景観、懐かしい社会景観がある。

　公共交通が未発達な時代、日本からメコン河流域の村まで行き着くには、調査許可を待つ時間も含め、苦労の連続ではなかったろうか？「東南アジアの人々と仏教文化、彼らが感じる洪水を通して知る自然への畏敬の念、現地の人々との触れ合いと会話」は研究への原動力となった。タイとミャンマーへの親近感は「仏教を厚く信仰し、日常的にも寺院で跪き敬虔な祈りを捧げる姿、人間一生に一度は仏門に入るべきという教えを守る姿、仏教は現地の研究者の精神を支え、仏陀の前で敬虔な祈りを捧げる、パゴタに向かって祈る、地域住民が互いに助け合いをする心豊かな生活空間」にある。徳を積む姿に感動を覚え、万物に対する慈しみの心にも魅力を感じている。

　一方、国際機関が主導する現地調査であっても、研究目的の入国が困難だった頃、現地調査ではどのような困難があったのだろう。故大矢氏の講義は、地域と真摯に向き合った研究者の語り口であった。1980年代後半、防災科学技術センターで衛星リモートセンシング利用を推進する大倉チームに仲間入りして、「タイ中央平原水害地形分類図」作成にむけてNRCTとの共同研究が開始した。バンコクでの会議参加やタイ中央平原でのグランドトルース、地形調査に出ることが多くなった。ここではランドサットTMデータを原図とし、地形分類図作成技法開発に立ち会った。

　衛星リモートセンシング利用にあたり、現地調査に出向くのがたやすい荒川下流平野で検証に向け、春日部市周辺のTM画像をレベルスライス、地形分類図作成なども手掛けた。タイ中央平原では、ハンマーやボーリングステッキなどの地形調査道具にあわせ、大倉さんが色調調整した衛星データを片手に地

形・洪水調査をしていた。NRCT ではシムキンさん、ラザミーさん、スーヴィット博士、トンチャイシムキンさんが同行し、データを手元に車を走らせては画像の色調が変わる地点で車を降り、微地形を確認し、簡易ボーリングで土壌をサンプリングした。各地点で地域住民から毎年の洪水の状況、巨大洪水の発生時の災害状況について質問をし、住民の答えをもとにして洪水状況を微地形パターンの上に書き込む工夫をした。これらの基本材料をもとにして既往の洪水が地形とどのように関わり、応答していたのかを検討した（Okura et al. 1989; 1991a; 1991b, 大倉ほか 1989; 1991, 植原ほか 1989, 春山・大倉・大矢 1992）。

　NRCT はバンコクの旧国際空港ドンムアン空港の近くに位置していたので、かつては飛行機で降り立った時に立ち寄るのは便利だったが、旧市街の宿との行き来に半日を要した交通渋滞にも出くわした。旧ドンムアン空港から市街地までは湿地が続き、時にはバッファローがのんびりと水面に顔を上げる光景もあった。バンコクの下町は、地盤沈下で歩道と家屋との間に食い違いができ、凸凹道、食べ物を商う屋台店が多く、日常用品の露店が続き裸電球の灯の揺らめく町であった。

　この旧市街に立地する寺院境内は常に掃き清められ、清浄な雰囲気が保たれていた。朝早くに僧侶が托鉢する姿と地域社会の人々が供物を差し出す姿があった。タイ人研究者からは共同研究者として地域情報を受け取るのみならず、タイ仏教とタイ文化などの生活基盤についても教えを受けた。ある時、トンチャイシムキン氏から「がんを患った母親の入院に際し、職場である NRCT を離れて母親のために寺院で祈りの生活に入る」と連絡を寄せた。得度式への出席要請であった。手紙は遠い日本に届けられた。タイの心を感じ、仏教と疎遠な日本人の宗教心を考えなおす機会にもなった。また、タイ社会の中で生きている信仰と宗教に対して改めて驚きを感じた。だが、この得度式には、出席できなかった。その後、AIT（Asian Institute of Technology）で地質学を指導していたプリンヤ・ヌタラヤ博士と出会うと、タイ人は年に1度、帰依する寺院で数週間を祈りのため過ごすことを知った。

　現代日本の社会では、宗教に帰依するのは仏教関係者、神社関係者、その他

の宗教関係者で一般庶民と寺院の距離は遠い。奈良や京都の世界遺産の寺院・神社を訪問する観光客は多く、桜咲く時期に寺院の庭園を飾る花を愛でる人は絶えない。この活動の基礎に宗教心があるかというとそうでもない。浅草下町の浅草寺、浅草神社での通年のイベントは寺院とある程度の距離感があり、地域社会の中心の疑似宗教と思える。

1.4 遠い国ビルマへの憧憬

　故大矢氏と長く親交のあったオランダ人の水文学者フオルカー氏とは、1980年代に会う機会があった。タイ中央平原地形調査時、1980年代末にバンコク旧市街地で偶然の出会いであった。当時の建物はないが、バンコク旧市街地に位置していた日本料理店『シーフアヤ（花屋）』で一献を傾けることになった。この2人の研究者は、タイ中央平原でのデルタ調査やバンコクでの国際会議での議論、ESCAPの仕事の一環であった「東南アジアのデルタ研究と自然災害」調査でのビルマ訪問など懐かしい会話に花を咲かせていた。

　フオルカー氏は伊勢湾台風直後の復旧作業時に来日し、故大矢氏が作成した「濃尾平野水害地形分類図」を手にして高潮災害の被災地を歩く姿が白黒写真の中に残されている（大矢1992）。1960年代、バンコク旧市街のESCAPでの国際会議、共同調査、異分野の相互議論があった。エーヤーワディーデルタの共同調査（Volker 1966）の話を聞いた。後年、2人の研究者が著述した東南アジアのデルタ地形、デルタの水文状況についての報告書と出会った。この資料は、1960年代のデルタを語る重要な研究成果である。

　1960年代のビルマの景観をこの時の話から繋ぎ合わせるとエーヤーワディーデルタの水田は、モンスーンが繰り返す洪水に悩まされてはいたが、デルタ農民は毎年やってくる洪水リズムを理解し、厳しい自然環境と向き合いつつも恵みをもたらす自然環境と共生した。気まぐれなモンスーン、自然のリズムを理解しても災害と直面しなければならない農民の姿が髣髴とした。歴史時代を通して行われた河川管理のための土木工事によって、河川は原初形態を失った日本の河川である。日本の河川が人工的状態にあることを考えると、エー

ヤーワディー川には手つかずの自然が残されている地区が多く、カワイルカの生息も確認されている。

　私の初めてのミャンマー訪問は、30 年前に遡る。とてつもなく暑い夏の日であった。古めかしいヤンゴン国際空港に降り立つとすぐにヤンゴンの町を歩いた。随所にイギリスが旧宗主国として君臨していた時代を彷彿とさせる建物があった。洋風の建物は黄ばみ、カビの生えた壁の 2 階建ての住宅地、3 階建ての事務所や住宅に使われていた。ヤンゴン市街地には多数の小さな湖沼があり、植物園は緑に包まれていた。町は歴史のなかで緩やかな時間が流れていた。

　ヤンゴン市の下町を歩くと、路地裏は活気が溢れていた。露店でミャンマー風のファーストフード店を商う人と買い物客が溢れ、古い映画館の近くには露店の本屋が並び地面にビニールを敷き、雑誌や本が賑やかに並べられていた。本屋の店主に「何を探しているのか？」と問われたので、「ビルマの地理について書いてある本を探している」と答えたところ、本屋の店主は山積みの混沌とした書籍の山の中から、それらしい書籍を探し出して手渡してくれた。

　「英語の本は裏路地にある本屋で売っている」と言われて、書店の名称と通り地番地を記載してもらうと、それを頼りに裏通りを歩いた。ビルマに関わる書籍を探していた時、少ないながらも英語で記載された書籍、ミャンマーの省

写真 1-1　ヤンゴンの下町の食堂

ごとの統計書が1900年代初頭に出版されていることを知った。統計書は図書館から放出されたものであり、所蔵印が刻印されていたが、ビルマの地理を理解するための資料となった。黄ばんだ古書が放つ独特な香りの中に、古き良きビルマ社会を肌で感じ取ることができた。

　ヤンゴン市の中心部には湖沼が多く存在し、そのうちでも大きなカンドージ湖畔に立つ小さな平屋の宿舎に入った。寺院、パゴダと緑豊かな町であり、黄金のパゴダでは、祈りを日常とするビルマの人々との出会いがあった。男女ともにさまざまな柄の「ロンジー」を身に着けてゆっくりと優雅に歩く姿には、「なじみの日本の着物文化」と同じものを見るように感じた。「粋な着物を纏い歩く姿」との二重写しであり、日本には少なくなった着物で過ごすことに対してノスタルジックな感傷を覚えたものである。ミャンマーに訪問するに至った理由は、講義として「東南アジア地誌」の不足する教材資料を求めていたからである。日本の図書館にある資料では物足りない、実際の社会を見て講義をしたいと考えていたからである。

　閉鎖社会ミャンマーへの入国は困難と考えていた。観光書籍に写真が掲載されているマンダレー盆地と、黄金のパゴダ群の美しいパガンを訪問してみたいと思った。2つの内陸に立地している都市町には、ヤンゴンのような下町の喧噪はなく、ミャンマーの王朝が交代劇を映じた地域であり、長い歴史文化を感じさせる古風な佇まいの町であった。現在でも、この2つの町は静かな地方都市であり、農業地域と都市とが共存するような巨大な田舎町であった。

　気候、植生、水文環境、土壌、地質などの個別の自然環境の要素を知って、その相互作用を考えると沖積平野の地形は理解できる。その相互作用の中から地理的要素を見つめると、ビルマの国土を育む地形の骨格が見える。エーヤーワディーデルタを対象にして、洪水特性を表現しうる地形分類図も作成したいと考えた。それは、デルタの河成地形を学んだケイトエラインさんが、「ミャンマーで治水地形分類図を作成して、洪水アセスメントを行いたい」と語ったのが出発点であった。

　2人で河川形態と沖積平野の微地形を理解し、将来の洪水予測を論じうる主

題図を作成したいと考えた。沖積平野の地形や地質の知見が積み重ねられていった現在の沖積平野の地下構造への理解の道具立ては揃っている。このような現在と比べると、ミャンマーで「地形と洪水との関わり」を適切に説明することは可能であろうか？しかし、河川地理学は河川災害の要因を解きほぐす手段であって減災計画策定に向けた道具ともなるだろうと考えた。

　低平地域における災害を軽減させるための知恵に在地の宝物が詰まったものとして「輪中と水屋作りの建物」の存在があった。濃尾平野に残存する施設は減少したが、地域の自然災害軽減に向けた環境緩衝的な施設であった。ミャンマーの主要なエーヤーワディーデルタ、バゴデルタには規模は異なるが、日本の輪中に近似する施設がある（Kay, Haruyama and Aye 2012 , Haruyama and Kay 2013）。輪中は北ベトナムの紅河デルタにもある（春山 1995b）。

　濃尾平野の輪中は初期の馬蹄形の輪中、その後に建設されていった懸け回しの輪中堤防のみを示すばかりか、地域の防災地域運命共同体「輪中意識」を指し、地域社会の紐帯などの概念と重なる（安藤氏の説明）。安藤氏ご健在時、安八地区の住宅を故大矢氏と訪問した。その折、安八水害、木曽川・長良川の洪水と輪中との関わりを話してくださった。荒れ狂う河川洪水から生活を守り、河川と付き合うための在地の知恵と在地の建設材料、地域の人々の生命を守るための環境施設と技術体系が輪中である。災害軽減の手法を考える際、工学的議論が主になるが、ミャンマーでは社会全体で支えあうシステム系、ソフトな減災手法が必要と考えられる。

1.5 外邦図に描かれた島嶼部東南アジアの農村

　故大矢氏から譲り受けた外邦図の中には、中国東北部の黒竜江省を示している地域、マレーシアとバングラデシュ、さらに、インドネシアの島嶼部の地図がある。インドネシアの首都ジャカルタ、人口稠密なジャワ島東部スラバヤ、中央部王都ソロとスラカルタなど、都市部を含むジャワ島を示す地図の枚数は多い。オランダ時代の治水計画の痕跡を読み取れるスマトラ島パダンを示す外邦図も手元にある。この地域を示す地図には、活火山と火山地域に特有な放射

状配列を示す河川網が、5万分1縮尺の地形図上に円環状の等高線に記載されている。活火山裾野の農業地域と集落は湧水に恵まれ、水系と関わる村落立地を理解できる（春山 1995a）。

　農業生産の向上は克服すべき課題であり、ジャワ島の農業開発には米作地域のみならず東部ジャワ・カリブランタスデルタにみることができる。オランダ支配下、ブランタスデルタはサトウキビ畑として開拓された。サトウキビ栽培は多量の灌漑用水を必要とするためデルタには灌漑用水路と排水河川が計画的に掘削された。インドネシア島嶼部の低平地域では農業開発にあわせ水資源開発が重視されていた。私が初めてジャワ島で現地調査を行った時には外邦図と衛星画像を携えて出かけたが、外邦図上の地名、手書きタッチの等高線に興味を覚えていた。

　近現代の高度な土木技術を用いた灌漑施設とは異なるが、インドネシア・ジャワ島では、古代から中世にかけて立ち替わる王朝史が自然環境と寄り添っていた。この島で行われた農業土木的な事業も、外邦図から読み取ることができる。日本でも農耕遺跡として発掘されてきた古代・中世の灌漑排水に関わる施設が精緻な水利用形態であるが、この水利用形態と近似した遺跡が多い。先史遺跡、歴史的遺跡の多くが、東ジャワ島のブランタス川流域の中流地域に集中している。わけても注目されるのは、農業遺産に灌漑施設が併存していることである。

　ジャワ東部地域の王朝史を辿ってみると、「王朝の繁栄・衰退の歴史」は気候と火山噴火、これに左右された農業生産の場の中に複合的な景観としてみえてくる。河川沿い、渓流に沿って築かれた堤防、農地に灌漑用水を引くために水田の面積比にあわせて工夫された分水施設と灌漑水路が作られた。気まぐれなモンスーンに左右され、降水量が少なく農家が水不足の年、こんな年には水配分に困窮してしまい、適切な水分配計画が必要となる。灌漑用水を分ける分水施設の近くには、農業用水施設に隣接して「稲穂を持つ女神象」が建っている。自然崇拝的な要素のようにみることができるが、地域社会の希望でもあったようにも見取ることができる。

　ジャワ島は、農業生産の安定と向上を目指した農業土木の技術史が育んだ農

業社会があった。この島は比較的降水量に恵まれていて、火山の恵みを受けた大地に醸し出された優れた高度な灌漑排水技術である。灌漑施設の建設に関わり、在地の農業土木的な技術はジャワ島に隣接するマドゥラ海峡を挟み、ロンボク海峡を隔てて、文化圏を成しているバリ島、さらには、ロンボク島においても島の農業を語りつくす農業施設として伝統的な姿を伝え、ジャワ島の文化も色濃く残されている。

バリ島はいまやインドネシアを代表するような国際的リゾート地域として注目されている。この火山島をあらわす観光要素の1つに、「流れる水の輝きと棚田を耕している農夫のいる景観」で養われてきた美観がある。ヨーロッパではドイツ・バイエルン州で行われてきた「わが村は美しくあれコンテスト」がバイエルン州の農業地域の景観保全に大きな役割を果たしてきたが、この事例と同様に、インドネシアでもこの麗しき火山島の自然景観を背景にした棚田と棚田文化を支えてきた水社会が織りなす美しさを競う、農村景観コンテストが行われていた。

インドネシアの「耕して天に至る」棚田景観はジャワ島でも見られるが、特に、バリ島の棚田には耕作された耕地と水の形成する美しさがある。この美しさはバリ・ヒンズー教と水社会が支えていることは周知のことである。この島には、宗教・農業との文化景観と融合的な自然景観がある。景観構成要素としてのバリ・ヒンズー教と宗教関係の施設の立地、火山を背景とした人々の祈りの姿、バリ・ヒンズー特有の地域ごとの「祭り」とこれを創造する地域の姿、農業地域を支えた生産基盤であった水利組織のスバック・システムなどを醸し出してきた複合的な融合的な文化景観である。

環境学的な視点からすると、インドネシアの島嶼部にある活火山裾野の湧水を利用した農業水利システムと理解できる。灌漑用水の使用ルールは、日本の土地改良区が継続してきた水資源運用・水資源の活用のルールに近似しており、在地の水管理組織が日常的な施設管理を行うとともに施設の運用計画に関わっている。バリ島の観光要素には、車座になって歌う男性合唱とケチャックダンスもあり、これらがバリ島全体を色めき立たせる文化的な景観要素の1つと考

えてもいいかもしれない。バリ島人のみならず、ジャワ島民からも厚い信仰を集めてきた神聖なるバリ島の活火山がそびえ、この火山の形状とこの上に成り立ってきた農業・農村の営みを支えた環境因子としての地形要素は、景観構造を考える上で必要不可欠であろう。

　活火山山麓の微地形をつぶさに見極めて、湧水地域を確認し、流し出されるほとばしり出る水、丹精込めて建設された水路、どこに立地するのがいいのかについての検討、田んぼに水を落とすための分水施設を設置して、農業従事者の相互議論の上に長い時間をかけて作り上げてきた優れた社会資本である。

　「水田、棚田、スバックの水路」を作り上げてきた歴史があり、火山島の水・土を余すことなく利用するための棚田経営の方針の明解さを見せる、人・土・水のなす素晴らしい水利システム技術であり、水資源に細心を払った土木的な工夫は優れた農業技術である。活火山の裾野に展開している平野には、潤沢な湧水がもたらされており、地域住民の生活用水としても利用されている。当該地域の地形環境をよく知り、読み取った上での農業用水の計画図の基礎を作り上げた先人たちの知恵を読み取ることができる。

　インドネシアの旧宗主国であったオランダは、都市防備と農村地域の生産の安定化を考え、洪水緩和を目的として、旧バタビア、スマトラ島パダンでなどにおいても、次々と洪水時を予期した排水路を建設していった。また、東ジャワ島においては活火山の活動を予期し、その災害被害を軽減するための手法としてクルド火山の火口湖から水平な排水路を建設した。これは19世紀のジャワ島の土木技術を代表するものであり（春山 1990b; 1992; 1996; 1995）、オランダ方式として広く知られる技法である。このように、ある時期に建設された灌漑用水の履歴についても地図から読みとることができる。

2. エーヤーワディーは流れて

2.1 外邦図に表現されたエーヤーワディーとのダイアローグ

　大陸部の東南アジア諸国、タイ、ビルマをはじめ、昭和17年陸地測量部製版、日本参謀本部から昭和17年2月25日発行とされた50万分の1縮尺の地図が手元にある。ビルマが描かれた地図の1つが、「ミインジヤン」図幅（応急版）である。この年に印刷された地図で地勢図レベルの縮尺である。この図幅を読み取ると、外邦図の東側にはインレー湖が描かれ、ビルマ鉄道はこの湖沼に近いヘーホーという町とエーヤーワディー川のほとりのミインジヤンの町に至る区間にまで敷設されている。

　ヘーホーは古くからの交通結節点であり、現在でもヤンゴンから飛行機が着陸する小さな飛行場がある。ヘーホー飛行場に降り立ち、歩き出すと、飛行場外にはインレー湖に向かう「乗合バス」が待ち構えている。インレー湖には水面に浮かぶハンモック、灌木林の枝と草を編み合わせた「浮き草のマットを耕作地としている浮菜園」が美しい湖面景観をなしている。この浮農園は湖面が風やボートの水音で動く。ゆらゆらと揺れる浮島のようなものである。このハ

写真2-1　インレー湖の湖面と周辺の山並み
観光地として開発され生活排水が流入、浮菜園の農薬の湖面への流入で水質が悪化している。2012年夏に撮影。

◀写真 2-2 インレー湖での浮菜園
浮菜園ではトマト栽培が盛ん、農夫は手漕ぎボートでトマトを丁寧に収穫している。2012 年撮影。

▲写真 2-3 インダー族の漁業風景
伝統的漁業方法。観光客が来ると伝統的漁法を見せてくれる。2012 年撮影。

ンモック状のマットがトマトなどの蔬菜の生産地である。小舟を使って栽培・収穫を行う農民の姿をそこここに見かけることができる。インレー湖では少数民族の 1 つインダー族は、昔ながらの技法を用いて、器用に小舟を片足漕ぎで乗りこなす技術で漁業を行う姿を見かけることができる。

　外邦図に描かれたインレー湖周辺を見ると、ビルマ鉄道はインレー湖の西側に横たわる 3 つの丘陵・山稜を超えて各地を結んでいる。地図の中央部には、標高 2,889 m の独立峰が記載されている。火山活動を終えたポパ独立峰は、エーヤーワディー川の南側に素描されている。火山として知られる一方でヤンゴン市民は山自身を信仰対象としており、信仰を母体とする自然・観光複合の景観をなしている。多くのヤンゴン市民が祈りのために来訪することでも知られている。

　外邦図「マンダレー図幅」の中央部に、「チャウセ貯水池」という地名が記載されている。ミャンマーの内陸部においてさえも年間をとおして降水量が少ない半乾燥地域、この地域は常に旱魃とともにあり、農業生産の安定生産を恐れてきた地域である。乾季、旱魃は恒常的なものであり、この地域の農業社会を取り巻いている自然環境の厳しさを「そうとう覚悟」していたのであるまいか？

　水瓶としての貯水池と水配分施設である灌漑施設を建設していくことが、安

写真 2-4 マンダレー盆地周辺の景観
乾燥した大地には灌木林と荒蕪地が広がっている。

写真 2-5 森林伐採が進むラカイン山地の南部

定的な農業生産とその持続性を促すと考えていたように思える。中央部のマンダレー盆地の周辺地域における厳しい乾燥という自然環境を克服して自然環境を受諾する、村落の持続性を目指すためには、当然ながら灌漑農業を成立させていくことが必要であった。

　マンダレーやパガンなどの古都には、寺院やパゴダが建立されていった。大土木工事を伴う農業の基幹施設の建設事業は、エーヤーワディー川本流にのみがその対象となっていたわけではない。国土の中央部に位置する乾季の厳しい盆地、その左岸地域の支流地域において特殊な灌漑農業が進展していき、灌漑用水の様々な施設が設置されていくことになった。50万分の1縮尺程度であるが、この地域を記載した外邦図には流域の地域概要をみせてくれるのみならず、素描画的な記載であっても農業水利施設が読み取れる。しかし、地図上には識別可能な複数の大きな農業用のため池（貯水池）が描かれている。在りし

日のパガン王朝期成立のバックグラウンドであった灌漑農業の光景が髣髴とされる。

　一方、王都が置かれた上ビルマの中心を含む「マンダレー図幅」にも多くの「ため池」が記載されている。旧王都の中心部は方形の市街地をなし、碁盤目の街区が示されている。旧王宮祉を含むマンダレー市街地は、碁盤目のように整然と素描されている。マンダレー市街地の北側には、エーヤーワディー川に沿って沼沢地が点々としている。河川に隣接して自然堤防状の微高地が読み取れ、この背後地には永年湿地が記載されている。ビルマ鉄道は、マンダレーの町を経由してマダヤまでの区間、そして分岐して、ビルマ・マダヤ線が敷設されている。ビルマ鉄道本線がザガインから北側に伸びるのと異なり、支線鉄道線として特別な意味があったのであろうか？

　ビルマ鉄道はサガインから西側に延び、エーヤーワディー支流のチンドウイン川に沿うモンウア地点を経て、エウ地点までサガイン・アロン線が敷設されていた。これらのビルマ鉄道は、内陸の町村を結ぶ運搬路で河川沿いに港を設置しつつも鉄道路線が併設されている。イギリス時代、インド時代を経て内陸部の盆地で生産された農産物を運搬するための重要な交通網であったことは、外邦図からも想像できる。

　この地図からは詳細な地表面起伏を読図はできないものの、顕著な地形的境界についての読図は可能である。マンダレーとゴチペエを結ぶ南北方向の線状構造は、地質が異なる地域で見られる構造線を思わせる地形を示している。さらにビルマ鉄道に並行して「ム運河」が掘削されていった状況も確認できる。これらの水路は灌漑用水路であるのか、あるいは物資輸送の水路であったのかは地図からは読み取ることはできない。

　下ビルマの地理的空間の情報は、昭和18年に印刷された参謀本部印刷として外邦図に表現されている。ラングーン市街地は、マンダレー市街地の2倍ほどの領域として示されている。ラングーン市街地は、パゴ川とラングーン川の合流地点に市街地が描かれている。ビルマ鉄道はラングーンを起点に、北に向かっている。ビルマ鉄道イラワジ線とビルマ鉄道本線が描かれている。この鉄

道網の結節点がラングーンの町である。

　ラングーン川の河川に面して連なっている市街地、あるいは河川港の位置などを確認すると当時のラングーンの町の状況が想像できる。農産物、特にデルタで生産された米を運搬するための外港として利用されてきた港町としてのヤンゴンの性格が浮かび上がってくる。今でも、河港には船が並び、インド系、中国系などの多くの荷役人が忙しく農産物や日常品などの荷物を肩に乗せて陸から船に、船から陸へと運搬を繰り返している光景がある。当時、現ヤンゴン川の河港と同様に喧噪の中でビルマ経済を牽引していたのであろう。海外からの労働者が多く流入する町でもあった。

　ヤンゴンの町は、東南アジアの町の縮図でもある。さまざまな民族が入り混じり、混沌とした地域社会が形成されていた。これが当時のラングーンであり、現在のヤンゴン市内にも引き継がれている。すなわち、インド系寺院を中心としたヒンズー教に帰依するインド系住民の居住地区、中国人街など、民族性の異なる居住地区に分かれている。中国系寺院を中心に備えた中国系の商業地域があり、中国系住民の居住空間が形成されている。ある民族が構成している地区には、その一角にその民族の宗教に関わる寺院が建立されている。バングラデシュからの移民地域とタイ系住民のいる地域もある。民族の多様性を見せる複合社会としての顔がある。

　もう1つの旧王都として、ヤンゴン市東側に位置するパゴ市がある。この旧王都の中心市街には、大きな寝釈迦をはじめとして宗教的施設が点在し、仏教寺院にお参りするミャンマー人は多い。パゴ市から南側に向かって伸びるビルマ鉄道は小さな町であるが、ソングワまで敷設されていることが外邦図から理解できる。ビルマ鉄道の敷設された地域は、シッタン川の河口に面するデルタである。

　潮流の激しいエスチュアリーでも、ビルマ鉄道は低平地域の物資運搬施設として重要な使命があったのであろう。物資運搬には河川のみならず、イギリス旧宗主国であったことで鉄道が使われ、町と村、村と村、町と町を繋いでいた。この物資の運搬路、人の交流のラインとしての鉄道敷設の状況をみると、ベト

ナムとは異なる交通網の戦略があった。また、デルタ開発の戦略があったと気づかされる。ベトナム南部に形成されている巨大デルタ・メコンデルタの開発の歴史を見てみると、稲作農業地域としての重要性を踏まえて水路網が掘削されていった。しかし、この水路は灌漑排水用に掘削されたものではなく、農業生産物を運搬するための手段として掘削されていったものである。フランスとイギリスという2つのヨーロッパの大国は、遠い東南アジアのデルタにおいて行った開発はその目的と手法には違いがあり、各々の国がどのように支配しようとしていったのかについて、開発戦略の違いがはっきりとみえてくる。

外邦図にはエーヤーワディーデルタの中心部の鉄道網は描かれていない。デルタ中心部の物流の結節点ヘンサダにむかって伸びており、レバダンからビルマ鉄道ヘンサダ・レバダン線が西側のパテインに伸びている。この地域におけるエーヤーワディー本流は河道幅は広い。幾重にも蛇行・曲流をして、沼沢地の中をマウビン地区に川は向っていく。この地域に示されている地図記号には、永年湿地の記号が点在していることがわかる。むろん、点在する小規模な湿地のみならず、巨大湿地群も記載されている。外邦図の地図記号は消えかかっているものもあり、また、軍事的に読み取れないように加工した部分もあり、必ずしも全体の読図は容易ではないが、地域概要を理解することは可能である。

町の位置、当時の地名、湖沼とため池、当時の道路網と鉄道網の発達の状況などを知るのは興味深い。ミャンマーを理解するためには、歴史や文化にかかわる書物が出版されてはいるものの、長く閉鎖社会を保持していた国であり、資料として残存しているもの、英語で記載されている書物の多くはインドと英国支配時のものである。黄ばんだ書籍、報告書は英文で記載されていて、100年を超えた時間の流れで当時の地域社会を示すものの、閉鎖社会が開放されると社会構造、社会の状況は急速に変化している。

2.2 エーヤーワディーが語りかける農村と水

ミャンマーと呼ばれる前、「ビルマ」と呼ばれてきた。「上ビルマと下ビルマ」と2つの異なる自然領域として説明されてきた。各地区は異なる自然環境と文

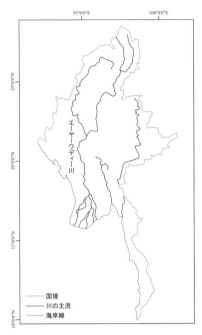

図 2-1 エーヤーワディー川水系
大動脈のエーヤーワディー川は、国土を縦断して南流する。

化的な領域であると紹介され、ミャンマーは 2 領域で説明されてきた。

　エーヤーワディー川が流れていく地域の中には、在地の宗教と仏教、さらに生業としての農業を基調とした生業をふまえた人文的な文化的景観もみえてくる。ここには自然が語りかけるダイアローグと、地域住民との対話が聞こえてくるような気がする。

　川・流域とのダイアローグからこの流域を読み取ることができる。起伏は小さいものの、大陸部アジアに特色のある自然的景観、河川の上流地域と下流地域の 2 つの異なる地形環境の領域に各々の独自性を見せている。ミャンマーの人々は、豊かに流れる大河の流域が繰り返してきた自然のリズムを見据えて、いや、それを感じて、日常生活が営まれていき、自然との相互関係から農林業暦が作られていき、人々は 1 年を通して自然と寄り添いながら、年間の生活リ

ズムを練り上げてきた。

　自然環境との付き合いかたを考えると、厳しいが慣れ親しんだ自然環境として生業暦として受け入れて、その地域に根差した「生活の基盤」を作り上げてきたことがみえてくる。「自然との語らい」は、ミャンマーの文化的な景観を紡ぎあげた。厳しい自然環境に凌駕され、あるいは「諦めの境地」の中で自然環境を生業の一部として受け入れたと表現すべきかもしれない。ある時には気まぐれな自然環境と遭遇し、人々は待ちに待ったモンスーンの恵みの雨が、農業地域には農業生産という恩恵をもたらし、心豊かな農村地域を形成してきた。

　この国ではどの時代の王国でも、その経済を支えた基盤は米作農業であっただろうが、降雨特性を考えると常に洪水規模に生産性は左右されたのだろう。待ちわびた雨が降らない年は、「飢饉の年」である。旱魃飢饉は地域共同体への厳しい自然環境への試金石であったろう。

　日本では、土木工事技術の高度化も手伝い、江戸時代には大河川で大規模な治水事業が進展していった。さらに、明治期、大正期には、高度な近代的な土木技術が災害軽減・防災計画に応答していった。しかし、人口の急激な増加によって河川の氾濫原に人口稠密な都市が建設されていくと、河川流域では大規模な自然改造へと進められていき、日本の多くの河川は人工的河川となった。

　一方、ミャンマーの河川を見てみると、堤防のない無堤防地区が多い一方で、砂防ダムなどの施設が設置されていない自然な崩落が河床への土砂供給を進めている河川であることに気が付く。河川景観の中にみえてくる区間には、人為的に改変された工事区間はほとんどみいだすことができない。自然のままに緩やかに流れる、雨季にはダイナミックに変動する河川である。エーヤーワディー川の中下流には、人口密度の高い町を多く抱えているため、都市地区には河川区間に一部で河川堤防が建設されている。また、堤防に道路としての性格を持たせるように、共有施設として建設されている個所がある。しかし、自然河川を示している区間は長く、洪水期には河床変動が発生するのみならず、河道そのものがダイナミックに変化している。本来の河川が持つ自然特性をミャンマーでは容易に認めることができる。

▲写真 2-6 ミャンマーの水田農業（収穫時）
▶写真 2-7 川と生きる住民
エーヤーワディー川は物資運搬の手段であり、日常生活を支える水資源である。洗濯、食器洗い、水浴、水遊びなど、子どもらにも大人達にも河川は生活と生業の真ん中にある。2012年夏に撮影。

◀写真 2-8 川と子どもの関係
マンダレー盆地を緩やかに流れるエーヤーワディー川。川面が揺れると子どもが頭をもたげる。水浴・水遊びを楽しむ子どもらの姿がある。2012年夏に撮影。

写真 2-9 村の楽しみ

　河川堤防が区間は限定されているため、未固定の河道区間が長い。このため、モンスーンの気まぐれな豪雨に見舞われると、洪水流が溢流して氾濫原になだれ込んでいく。自然堤防に囲まれる後背湿地では内水氾濫も併発し、沿岸地域では高潮の襲来でデルタ全体が水没する。半年に及ぶ長い湛水時間の年もあった。排水が悪い低平地では、雨季には熱帯特有のマラリア・デング熱などの感

写真 2-10 長引く洪水での住民の生活
デルタの生活は洪水と持続的農業の相克である。洪水の完全排除は農業持続性に影響を与えるが長引く洪水は教育と生活に支障をだす。恐ろしいのは伝染病の蔓延である。2012年撮影。

染症が発症し、蚊を媒体とする伝染病が付き纏う。洪水は毎年繰り返される程度の予期可能な範囲であれば、「デルタ農民が待ちに待った雨」となり、恵みの雨となる。数年に一度の巨大洪水が襲来すると、防災への対応策がないデルタ地域においては、すぐに農業障害をきたすため、村落のインフラは壊滅状態に陥ってしまうことになる。デルタでは、住民の生命さえも脅かすような惨状が巨大洪水の顛末である。

2.3 発展を遂げるサテライト都市の陰には

　近年ではヤンゴン市を中心都市として、周辺地域では急激な人口増加によって都市域の面積が徐々に拡大している。近郊農村では、村落中心部からボーダー地域にかけて、人口稠密地域が急激に拡大し、近郊農村の土地利用はその体系と計画概念の中にインフラ整備を持たず、防災的措置もなく変貌した。このために土地利用変化は、巨大災害などから受けるインパクトを社会全体で受け、

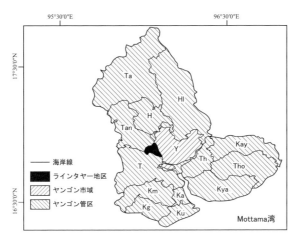

図 2-2 ヤンゴン市とそのサテライト地域

ヤンゴン市をサテライトとラインタヤー地区との地理的な関係。(Ta ; Taikkyi, Hl ; Hlegu, H ; Hmawbi, Tan ; Tantabin, T ; Twantay, Km ; Kawhmu, Kg ; Kungyangon, Ku ; Kungyangon, Kai ; Kawhmu, Th ; Thanlyin, Kya ; Kyanktan, Th ; Thoungwa, Kay ; Kayan, Tho ; Thongwa)

災害被災率を高めた。

　近郊農村地域の社会は、「巨大な田舎都市であった時代から、思いがけずに大型の都会への志向に大きくハンドルを切り替えたこと、旧来の伝統的な社会構造が急激に変化したために、この変化の速度には追随できずに困惑した社会状況」が表面化し始めている。急激な社会構造の変化による土地利用・土地被覆は、自然災害の被災ポテンシャルを高める効果を上げてきた。

　エーヤーワディー川の下流地域に広がる氾濫原の地域景観を見ると、20世紀〜21世紀初頭の基幹産業であった農業、とくに稲作農業地域における土地利用の変化の度合いが大きい。農業の持続性な生産が問われている一方で、肥大化する巨大都市のサテライトとしての変容を余儀なくされ、都市近郊地域へと変貌していく。急激な人口増加は、伝統的な水田農業にも迫ってきた。水田面積が減少した結果、氾濫原で受け止めていたはずの「豪雨時の一時的洪水貯留」としての減水のためのバッフアーゾーンの面積は縮小してしまう。

　水田が一時的な豪雨時の治水機能を保有した時代が終焉をむかえると、自然

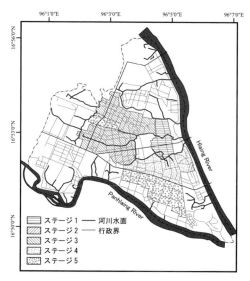

図 2-3 ラインタヤー地区の都市化地域

1989年以降にヤンゴンのベッドタウンとして開発された新興住宅地域であり、宅地区画は大きい。個人住宅から集合住宅、高級マンションとショッピングアーケードが立ち並び、外延部には外資系の工場などの建設が進んでいる。

地形として貯留地域を担保した治水機能は喪失し始めた。長期にわたる洪水イベントと被災状況を見るかぎりにおいて、自然災害を受容すべき地域社会が存在し、地域ごとに自然環境との共生関係を模索することが望まれ、減災を考える都市・村落複合災害軽減を含めたより良い地域計画を樹立することが重要である。さらに、都市志向の中で、ごみ問題、水質汚濁などの環境変遷因子が変化し始めており、河川への汚水排水がとどまることを知らない状況をきたしている（Khin et al. 2011, Haruyama and Khin 2011, Kay et al. 2014a）。

ヤンゴン近郊には、サテライト都市がいくつかある。近年の土地利用変化が顕著なラインタヤー地区の現況をみてみたい。1989年以降にヤンゴン市近郊農村が、かつての首都のサテライトとして発展した地域である。外資系工場の相次ぐ建設によって工業地域は拡大していき、急激な住宅地開発が進むことでアパート・マンションなどの高層住宅と敷地面積の広い豪華な個人住宅が次々

2. エーヤーワディーは流れて　47

表 2-1　ラインタヤー地区の 1989 年以降の人口増加について

年	人口（人）	変化（人）	増加率(%)
1989	22,886		
1993	159,132	136,246	62.39
1994	163,493	4,361	1.36
1995	165,146	1,653	0.50
1996	168,859	3,713	1.12
1997	169,859	1,000	0.30
1998	191,255	21,396	6.11
1999	191,999	744	0.19
2000	210,162	18,163	4.62
2001	222,805	12,643	2.96
2002	232,556	9,751	2.16
2003	243,885	11,329	2.41
2004	252,316	8,431	1.71
2005	269,985	17,669	3.44
2006	288,877	18,892	3.44
2007	339,385	50,508	8.39
2008	391,765	52,380	7.44
2009	343,062	-48,703	-8.99
2010	374,698	18,171	5.10

に造成された。ラインタヤー地区は、ライン川とパンライン川が取り囲む低湿な三角地帯で、開発以前は水害の常習地域であった。

　大火災後、ヤンゴン市からの移住者を受け入れて計画的な大区画の居住空間がお目見えした。近代的設備を備える大病院には、ヤンゴン市民にも近代的機材と施設が整備された病院として知れ渡り、高収入家庭からの利用希望者が多い。品ぞろえが充実し、輸入食料品を扱う大型スーパーマーケットも出現している。マーケットに隣接してレストランエリアが設置され、広大な駐車場も計画されている。現在、なお、露天商が残っている、小さなミャンマー風の商店街、露店の商店などで賑わうヤンゴン下町の光景と比べると異なるものがある。21世紀に入り、混迷を極めた閉鎖社会から解き放たれ、明らかに市民生活が近代化していったこと、生活の至便性が求められていること、快適な生活施設を求

表 2-2 ラインタヤー地区の 1985 年から 2009 年までの土地利用変化 (面積とその比率)

土地利用単位	1985年(ha)	比率（%）	1995年(ha)	比率（%）	2009年(ha)	比率（%）
住宅地	425.01	6.4	761.19	11.10	1,861.56	25.5
農業地域	1,905.67	28.1	1,230.25	17.90	1,414.38	19.4
工業用地	0.00	0.0	657.36	9.60	1,788.22	24.5
商業用地	5.21	0.1	86.87	1.30	194.64	2.7
行政使用地	38.85	0.6	46.94	0.70	72.85	1.0
行楽地	141.64	2.1	145.69	2.12	182.92	2.5
交通施設	117.66	1.8	1,228.39	17.85	1,578.49	21.5
未利用地	4,096.40	60.9	2,714.00	39.43	211.50	2.9
計	6,725.23	100.0	6,870.69	100.00	7,304.56	100.0

写真 2-11 清涼飲料水の工場

写真 2-12 電子部品工場

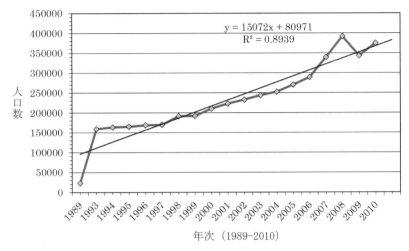

図 2-4 ラインタヤー地区の人口増加について

1989 年以降、2010 年までに人口増加は継続している。人口増加数の 60%はヤンゴン市内からの流入。

める住民が多いことなどがあげられよう。これらの社会的な要望に対しての施設が充実している。このため、わざわざ、ライン川を渡ってラインタヤーのマーケットにやって来るヤンゴン市民も多い。これらの近代的な都市的空間、居住空間は計画的に設置されていったものである（Kay et al. 2013d; 2014a）。

ヤンゴン市のサテライト都市の展開過程を見ると、ヤンゴン西側のラインタヤー地区のみならず、ヤンゴン市の東側に向かい、バゴ市に向かって敷設された道路沿いにも町が連担している。ヤンゴンの国際飛行場への道路沿いにも町が展開し、隣接諸地域での人口増加が目覚ましくヤンゴン中心部から外延部に衛星都市を展開しつつある。しかし、町と町の移動用の公共交通は相変わらず不便な状態である。

ラインタヤー地区をみてみると、2010 年までの人口増加率が興味深い。1985 年のヤンゴンの大火災後、閣議決定を持ってラインタヤー地区の地域開発計画が立案された。その後、特に 1993 年での前年度比の人口増加率が大きい。62%にまで増加率が跳ね上がっているが、その後の人口増加率は安定的である。2007、2008 年になると域内の人口数は、再度増加している。統計資料（The

写真 2-13 新規造成の進む地区

Government of Union Myanmar 2008 ほか）に間違いがなければ、2009 年度は一時的に大幅な人口の減少年にあたっている。しかし、この地域における都市的な土地利用面積の占有面積は一気に拡大していった。最近 20 年間の土地利用変化で顕著な伸びを示したのは、住宅地、工業用地の面積である。住宅地面積は、1985 年では 6％に過ぎなかったが、2009 年には 25％に増加した。その一方で、農業的土地利用の水田・畑作地域の面積は、当初 28％あったものが 19％に低下した。

　土地利用の変化をきたすもっとも大きな要素は、工業用地面積の拡大であろう。この面積比率をみてみると、開発前には皆無であった工業的な土地利用面積が 2010 年には 24％へと一気に増大している。この地域への外資系生産工場、たとえば韓国系の工場もあるが、これらの進出が目覚ましく、地域内では工場建設が完成するに合わせて、道路網が拡充していき、交通施設も増設されていっている。

　1985 年当初を振り返ると、ラインタヤー地区は、単なる農村であり、稲作・畑作農業を主体としたヤンゴン近郊農村に過ぎなかった。荒蕪地も広がっており、行政による政策的な意図で急激な開発が進められていった。政策的に土地利用が大きく変容した。しかし、土地利用変化が次に発生する環境変化には無関心であった。現在この地域、またこの地域を囲む河川では、水質が劣化する

写真 2-14 水質の悪化するライン川

ような環境変化が認められる。将来的に発生する環境劣化を予期せずに工業地域へと土地利用変化が拡大したため、ライン川の水質は徐々に劣化している（Kay Haruyama and Aye 2014d）。

2.4 土地利用が変わり洪水が変わる

　グローバルな気候変動は容赦なく、エーヤーワディー川流域の自然環境と人文環境の両面にインパクトを与えてきている。一方、急激な流域規模の土地被覆・土地利用変化の余波が忍び寄る。人口集中の都市域のみならず、農業地域での土地利用の変貌は、低平なデルタの洪水被害を助長してきた。自然環境変動と人為的な環境変化の複合的要因は、農産物生産にも影響を考える時期に入った。

　持続的農業開発、持続可能な発展とは、何かを考えて、将来の展望を行っていくこと、これらを求めていくことが必要である。農業社会の再編を意味するのか、地域そのものの再創造にむけた視点を展開しなくてはならない時期を迎えている。これらの社会的な変化も手伝い、自然災害の軽減に向けて河川流域の適切な流域管理手法を地域ごとに弁別し、地域が求める適切な土地利用計画についての方向性を議論すべき時期に来たといえよう。

　1970 年代に遡り、日本が行ってきた水害に対しての防災事業を振り返って

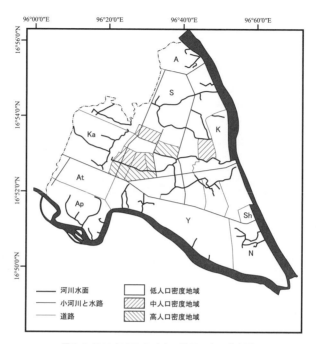

図 2-5 1989 年のラインタヤー地区の人口分布図
三角形の中心部には人口稠密地域があるものの人口密度は必ずしも高くはない。(A；Alywa, S；Shwelinpan, K；Kasin, Sh；Shanchan, N；Nyaungywa, Y；YeOakkan, Ap；Apyinpadan, At；Atwinpadan, Ka；Kalargyisu)

写真 2-15 ラインタヤー地区の新規住宅
突如として近代的な住宅地が建設されるが、周辺には荒蕪地と耕作地が残る。

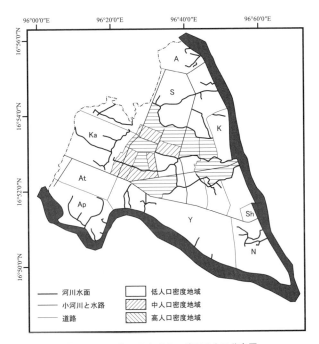

図 2-6 2010 年のラインタヤー地区の人口分布図
1989 年の人口分布図と比較すると中心部分の人口稠密地域は周辺地域に拡大していき、ライン川河畔にも人口増加地域が拡大している。(A；Alywa, S；Shwelinpan, K；Kasin, Sh；Shanchan, N；Nyaungywa, Y；YeOakkan, Ap；Apyinpadan, At；Atwinpadan, Ka；Kalargyisu)

みると、防災計画では河川堤防、ダム建設、放水路掘削、河床掘削などのインフラ投資が進む中、河川流域全体に眼を向け始めていた。流域の地形を視野に入れた「総合的治水」計画が議論され始めた時期である。河川流域内の地形を勘案して上流、中流、下流などに大きく分類し、各々の地形単位を理解した上での洪水の軽減計画が検討されるようになった。一方、ヤンゴン市を含めてミャンマーでは、都市的土地利用面積が拡大している傾向は顕著であり、耐水化が遅れた低湿地で急速に土地利用が変化している。人口稠密地域は、ヤンゴン市域のみならず沖積平野に拡散し始めている。洪水軽減に向けた防災計画の早期展開が待たれ、巨大洪水の影響を最小限に留める努力が必要な時期にきた。こ

写真 2-16 ラインタヤー地区の新設マンション
居住者の多くはヤンゴン市で働いたり、この地区の工場労働者でもある。

写真 2-17 ラインタヤーの個人住宅
高級な新規個人住宅の敷地面積は広く、手入れの良い緑地に囲まれている。

の視点に立つと、ラインタヤー地区が二河川に囲まれた洪水常習地域を含むことで、災害脆弱性をあらわにすることが心配である。

人口稠密地域が形成されていくことと、洪水の常習地域へのインパクトが大きくなることは裏表一体であろう。東京下町低地でも同じようなことが発生していた時代があった。地下水のくみ上げと地盤沈下、水田が都市に変容していき防災調整池であった機能を失うと、内水氾濫域の面積が増加した。洪水の被

写真 2-18 デルタ最前線の植生（ニッパヤシ）

写真 2-19 ピャーポンの河港

害軽減にむけた計画が、都市化地域において基礎要件として考慮対象となるべきではなかろうか？

　持続可能性という言葉はよく用いられるが、その使い方は様々であり、さらに分野が異なると持続可能は経済性に照準が絞られる場合もある。地域計画の中での持続可能な開発と適正規模の地域創造は両輪として考えられないものだろうか？

写真 2-20　ピャーポンの町はずれから続く農業地域

　土地利用が高度化することで、伝統的な減災に対する「在地の知恵」はどう変わるのであろうか？

　土地利用変化が大きくなると、また、都市化にむかう速度が早ければ早いほど、地域住民のライフスタイルは変化し、従来の洪水形態が毎年繰り返されるような洪水のリズムを敬遠したくなる。このような人工的な自然変換について地域住民はどのように理解するようになるのだろうか？

　2008年サイクロン・ナルギスは、発生地域と進路について気象水文局がガンジスデルタを横切ると推定したが、実際にはエーヤーワディーデルタの河口部近くを西側から東側に横断した。デルタ住民への洪水予警報は不適切であったようだ。住民は、サイクロンの移動情報を知るよしもなかった。

　発生したサイクロンとその後に想定される高潮・洪水に対しての適切な避難行動ができず、無防備のままに住民は被災し、行き場を失った。長引く大雨と強風で、沿岸部の家屋は吹き飛ばされた。高潮の襲来もまた、簡素な造りの家屋を破壊していった。サイクロン襲来時期、デルタ農民の多くは水田での稲の収穫を待っている時期であった。このような水田地帯にも容赦なく高潮が侵入

写真 2-21　サイクロンの襲来からまだ立ち直っていない地区

した。農家は疲弊した。農業基盤も破壊されていった。沿岸地域のマングローブ林などの沿岸植生は倒壊されてしまった。ヤンゴン市内でも洪水と風害で倒木も多かった。沿岸部の森林が破壊していき、沿岸地域のみならず河川周辺では、家屋の半壊・倒壊、学校も被災した。長期にわたった洪水で、児童は小学校に通えず義務教育にも影響をきたした。

　エーヤーワディー川の中流地域では、自然環境の変貌にもつながった。このサイクロンによる被災はミャンマーでは歴史上に残る規模のものであり、死者・行方不明者は13万人を超えていた。この大惨事の後、風害と洪水の被災状況の全貌がわかるまでには多くの時間を要し、さらに救援を必要とする地域が広域にわたるため、支援の手は遅れた。海外からは国レベルの支援者、NPO、災害研究者などがこぞって現地入りをした。誰よりも早く、被災者の支援団体として被災状況を確認し、救援物資を送るための現地調査を行いたいと考えた。しかし、現場の混乱もあり、ヤンゴン市内で支援団体は足踏み状態であった（Haruyama and Aye 2010, Kay et al. 2013a, Kay et al. 2014a）。

▲写真2-22 ピャーポンの下町
▶写真2-23 サイクロンシェルターの設置された地区の農家

　この巨大サイクロンが与えた被害を克服すること、荒れた国土を復興にむけて地域計画の方針を立案するにも長い時間を要した。長引いた洪水や高潮の後遺症には、感染症が残った。沿岸地域では塩害も広がった。塩害で生産不能となったデルタの南部地域、家屋が倒壊して生活基盤を失った地域住民が多数出た。頼りとしていた農業生産は、農地での収穫が停滞したために、食糧危機を引き起こした。サイクロンの襲来によるこのような一次的な被害のみにとどまらず、2次的災害も長期化した。デルタのみならず中流地域でも、小学校・行政・病院などの公的施設が損傷し、被害は計り知れない。学齢期の児童を教育する施設の被災は教育にも支障をきたした。

　サイクロン・ナルギス襲来の後、復旧・復興支援を行いたいと考える人々は多くいた。海外からの支援団体、学術的団体は「どの程度の被災があり、どの地域で被災が大きかったのか、避難の手助けをするための手法」などを明確にしたいと考えていた。2008年サイクロン災害直後に海外からの災害地支援団体、災害調査を希望した研究者が被災地域に向かった。災害情報を収集し、必要な地域に食糧・衣料品・生活物資などを支援したり、復興への道筋をつけるための計画支援を考えたが、災害直後のミャンマー社会では混乱が続いていた。ミャンマーが国際的にみると閉鎖的な社会構造であったことも手伝い、被災者への直接的援助は必要な時期に適切に行える状況ではなかった。被災地域の復

写真2-24 船の背後に見えるサイクロンシェルター

興再建にむけて、地域社会構造的な側面、地域社会の経済的側面から見て、さらに海外との政治的な障壁があること、社会的にも多くの障害があった。

　日本からミャンマーに戻り、ヤンゴン大学の講師となったケイトエラインさんと2014年夏に、2年ぶりのエーヤーワディーデルタの現地調査に入った。完新世におけるデルタの環境変動を明らかにするために計画していたデルタ南部地域における追加ボーリングを試掘するためだった。これを控えて、リモートセンシングデータを使用して、ナルギスサイクロン襲来後の被災地の復興状況を把握してみることにした。写真を片手に現地調査を行うことにした。被災地の沿岸地域、デルタの先端部に位置している村落を訪問してみた。サイクロンで一部破損した道路、凸凹のままの道路の修復・復旧作業は遅れていた。被災後に5年が経過しても、復興作業が遅々として進まず、壊れた道路の凸凹が続く悪路の中をデルタ最前線の町では、徒歩で移動することになった。

　サイクロンの影響から長い年月がたっていたが、デルタ最前線では災害痕跡も残っていて災害状況を聞き取ることができた。復興していった村落もあった。

　沿岸地域の村の特産品は魚介類である。「干しエビ」、「干した魚」を商いする店が多くたち並び、ヤンゴン市民の目からみると、現地で購入できるこのような魚類加工品は「安くておいしい」と評判である。ケイトエラインさんとと

写真 2-25　この地区の土壌（塩分濃度が高い）

もに同乗したヤンゴン大学地理学教室主任教授であったキンキンウェイ氏は、大量に「干しエビ」を購入して車に持ち込んだ。ヤンゴンに戻る途中の車中は、「干しエビ」の匂いが充満することになった。

　デルタ最前線に立地している村には、バングラデシュのサイクロンシェルターに近似した高潮災害時の一時的な避難施設が建設されていた。設置されたサイクロンシェルターを見ると、1階部分は家屋を支える4本の柱のみであり、流れくる洪水流をスルーさせるような構造の建物である。洪水が発生した場合、2階部分のみを一時的な洪水避難所として利用できるようにしている。しかし、このサイクロンシェルターの立地条件をみると、小水路を挟んで生活する住民の生活があり、シェルターに移動することができる住民がどのくらいいるのだろうかと疑問がわいた。

　居住地が高潮・津波などの自然災害の進入路を考えると使いたい時には使用は困難ではないだろうか。地域住民の災害時における利用計画とは合致しているのだろうか。川や水路を越えなければ利用できないシェルターで住民の生命を保護できるのであろうかと悩んだ。エーヤーワディー川では大型化する災害に備え堤防計画を含め流域全体を見通した治水整備、災害軽減を踏まえた地域

計画、流域計画を考える時期を迎えようとしているのではなかろうか？各々の地域で生きる人々にとって災害軽減と災害時の避難、復興にむけた社会教育・義務教育の中での実践的な技術の伝承の在り方の議論も必要であろう。

2.5 エーヤーワディーの領域

　東南アジアは大陸部と島嶼部に分けて説明されることが多い。まったく異なる地形背景があり、気候も異なっている。

　ミャンマーは大陸部東南アジアの中では広い。国土全体を見渡してみると、南北方向に長く、南部地域はタイとの国境線が引かれているマレー半島の付け根までの北緯9°30′、北部領域ではヒマラヤ山脈東端の北緯28°31′までを領域としている。東西方向はバングラデシュに面する西端は西経92°10′、ラオスに面する東端が西経101°11′である。

　国境線は山岳地域を含む自然国境線であり、西側をバングラディッシュ、北西側をインド、北東側を中国、東側をラオス、南側をタイなどの国々と隣接し

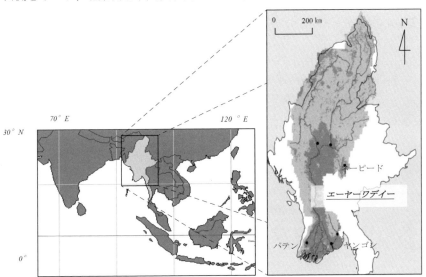

図2-7　ミャンマーの位置とエーヤーワディーの位置

ている。山岳地域では国境線をまたいで、自由に国境線を移動して戻る山岳少数民族もいる。焼畑などの伝統的な農耕生活を続けている中山間地域を居住地域としている少数民族は、パスポートを保有せずに軽々と国境線を越えていって、また戻ってくる。タイ・ミャンマー国境では、タイ人が隣村に買い物に出かける感覚で、朝には国境線をなしている河川を渡っていき、夕方には戻ってくる。

　北回帰線はシャン州のテイヂン、ザガイン管轄区のタガウン、そしてシャン州のクッカイの南方を通っていて、ミャンマーの国土の3分の1は、いわゆる熱帯地域に入っている。北部地域は5,000 mを超える高山がそびえたち、氷河を持つ寒冷な地域をなしている。低平地域では、熱帯多雨気候から乾燥地域を織り交ぜているが、冷涼気候の高原地域と南北に長い国土全体を見渡してみると極めて地域多様性に富む気候もみえてくる。国境線は南側、西側、南東側は屈曲に富む海岸線をなしており、自然境界を国境線としている区間は長い。ナフ川、南部でタイ国境の町コータウンまでの海岸線の延長距離は2,229 kmに及んでいる。この海岸線は屈曲に富み、複雑に入り組むリアス海岸である。

　コータウンは、ケイトエラインさんの故郷である。高等学校までコータウンで過ごし、大学入学後にヤンゴンに出てきたケイトエラインさんには、ミャンマー料理よりタイ料理のほうが普通だという。この地域がタイ国境線に近く、ラジオもタイ語放送が入ることもあり、ミャンマー料理よりタイ料理が好まれること、身に纏う衣服の模様も南部タイ風の文様の布地で仕立てられることが多いという。コータウンに住むミャンマー人は、タイ語を理解しているとのことである。

　ミャンマーの国土は南北に長く、南北方向の延長距離は2,196 kmに及んでいるが、東西方向の延長距離は948 kmに過ぎない。国土面積は676,553 km^{2}に及んでおり、東南アジアの国のなかでは、インドネシアに次ぐ国土面積を保有する国である。

　ベンガル湾に沿って南北に細長く伸びるラカイン山脈縁には、小さな沿岸平野が形成されている。沿岸平野には、黄金に輝くパゴダ群がある。この平野を除くと、ミャンマーの中央部の南北方向の沖積平野が目立つ。起伏は極めて小

さい。この沖積平野の上を飛行機で横切った時、小さな窓からは全体が「モノトーン」な地形がみえた。一斉に稲穂が揺れるのどかな農業景観であった。

　水田地域を流れる河川の表面はよどんだ茶褐色である。これがモンスーンアジアの河川の色であるが、日本人にとっては「幾度も繰り返される蛇行流路、弓なりに見える湾曲部分に展開する集落と灌木林」の自然景観と文化的景観の2つの異なる複合的な景観の中に、自然河川エーヤーワディー川の様態が見えて興味深い。

　自由気ままに流れる河川に沿って自然堤防が形成されていることが理解でき、灌木林と村落がこの微高地に立地している。村落には、パゴダがひときわ輝きをみせる村落景観が至るところにみられる。飛行機の小窓から見えた稲作農業地帯のモノトーンな景観に1つのアクセントを与えているのが、蛇行を繰り返す河川である。25年前に初めてミャンマーを訪問した時、毎年のように出向くようになった2000年代の初めに、農業は手仕事であって、簡素な農具、牛を使役している農業景観がどこでもみられたが、最近では海外企業の進出もあり、伝統的な農業社会を映し出した自然景観・人文景観は大きな変容を見せ始めている（Kay, Haruyama and Aye 2006; 2008）。

　ラカイン山脈の西側とベンガル湾の間に位置する細長い沿岸平野である。北部では、バングラデシュに続くシットウエーにも海岸平野が続く。弓なりの砂丘列が形成されている、狭く細長い海岸平野である。バングラデシュに続いていくこの沿岸平野には仏教遺跡群があり、ミャンマー中央部で見られるパガンへの信仰とは異なる信仰対象地域をなしている。ラカイン山脈は東側では傾斜地を形成し、この山脈に並行して沖合に島々が数珠のように多数連なる、これらは地殻運動のあらわれであろうか。

　アッサム丘陵北部から続く山稜は、ミャンマーではラカイン山脈に引き継がれているが、この山岳地域は最南端のネグリス岬で終焉をむかえる。山岳地帯の北部はパトカイ山脈、ルシャイ丘陵、ナガ丘陵、この先にチン丘陵などが連なる。山岳地帯は南側に向かいラカイン山脈へ続くが、山脈の幅は北側で広く、南側で狭められる。山岳地域の尾根を眺めると、南北方向に平行することが理

解でき、この方向に峡谷が形成されている。河川は横谷が垂直に峡谷を形成して流れていく。

ミャンマーの地質図では、これらの山脈は三畳紀、白亜紀後期、始新世層に分類され、海洋に向かうラカイン山脈の延長部は、ベンガル湾で海底に潜っていく。ミャンマーの中央部の盆地は、第三紀層と第四紀層であることが記載されており、褶曲運動で形成されたとされるバゴ山脈の山麓は砂岩、頁岩、漸新世期と記されている。北中部の丘陵地は第三紀層、ヘンサダ地点より下流側に広がるエーヤーワディーデルタは第四紀層と示されている（Nyi 1967, Geological survey of India 1965, Stamp 1940, Chhibber 1933; 1934a）。

東部地域は中国、タイに隣接する高原地域と山岳地域である。カチン丘陵、シャン・カヤー高地帯、タニンタリー山脈がそびえている。タニンタリー山脈はシャン・カヤー高地帯の南側に位置し、これは古生代、中生代の褶曲運動によると説明され（Nyi 1967, Geological survey of India 1965, Stamp 1940, Chhibber 1933; 1934a）、2方向の沈み込み帯の影響を受けたと考えられている。ミャンマーの国土を南北方向に走るザガイン断層、アンダマン諸島からニコバル諸島を経て、2004年スマトラ沖地震を発生させた地震の多発地域の1つであるスマトラ断層へと繋がっていく（Maung 1983, 大矢 2005）。

3. エーヤーワディーの生業と気候背景

3.1 領域と自然景観

　ミャンマーはアジアモンスーンの影響を受け、雨季と乾季がきわめて明瞭な地域である。意外と気温の年較差も大きい。高山地帯から低地までの地形配列をみると、局地的な気候制約を受けていることがわかり、降雨量分布、降水の連続時間、降水強度などの地域格差が大きい。中央盆地は南北方向に障壁のように連なる山脈が存在し、フェーン現象も起きる。半乾燥地域の地表面は植生が疎であり、農業の不適切地が広がっている。一方、5～9月の雨季の降雨が1,000 mmを超える多雨地域は沿岸地域にある。モンスーンの影響下にあるが、山岳地域と丘陵が織りなす箱根細工のような多様な地形配置で地域ごとに気候に多様性がみられるのがミャンマーの自然環境である。Dobby（1950）の書籍には、このような東南アジア特有の気候と地形がミャンマーにあると示されている。

　ラカイン山脈からタニンタリー沿岸地域をみると、雨季の豪雨を合わせる年間の降雨量は平均で2,000 mm/yearを超え、一部に3,810～5,810 mm/yearの地域を含む。しかし、シャン州、チン州、カチン州の南部の高原地域、バゴ管轄区の北部丘陵地域とザガイン管轄区北部では、年降雨量は1,524 mm/yearに過ぎない。最北端の山岳地域の高度は4,665 mであり、氷河地帯を抱える寒冷気候も存在している。Kingdom-Ward（1949）はカカボラジ山の氷河地域の雪線高度までを記述している。

　ミャンマー中央部の乾燥地帯にも、河川氾濫原と旧河川氾濫原に湿地帯はあるがこれらの湿地を除くと、マンダレー盆地周辺とパガン西部地域にはペディメントなどの地形がみられる。長期間にわたった浸食によって形成された地形に囲まれている。これらの浸食地形に続いて浸食平野が形成されているが、季節的な枯れ川の流域では、雨季の降雨強度の大きな降水で土砂流が発生するため、土石流的扇状地も形成されている。しかし、エジプトの砂漠によく見られる「ワジ」のある自然景観とは異なる。モンスーンアジアにもかかわらず、ミャ

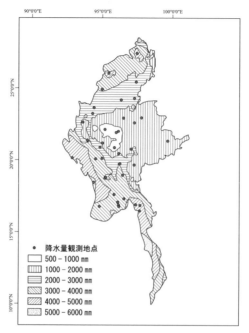

図 3-1 ミャンマーの降水量分布図
中心部に乾燥地域、沿岸地域に多雨地域がある。

ンマー中央部は不毛地帯のように感じられる。不毛の大地でありながら、国の成立にかかわる歴史の大舞台を演じた。中世以降、乾燥地農業が営々と行われた歴史文化遺産を多く抱えている。灌漑農業施設を建設する土木技術を持つ王朝の存在を忘れてはいけない。

　この地域では、特に気温・降雨量の年々変動が大きく、気温の日格差も大きい。中央乾燥地域では、年間を通して乾燥して酷暑の日が続き、5月には最高気温が43.3℃にも達する地点がある。これと比べると山裾と沿岸部の気温はいくらか低く、沿岸部では海風があるために大変凌ぎやすい気候である。ミャンマーの東部にあるカチン州、シャン州、チン州などの丘陵・高原地帯の朝晩は冷涼である。これらの高原地域は常春のような快適な気候であり、ヤンゴンの人々は「ガーデンシティー」、「花の咲く街」と呼んでいた。この地では苺も栽

3. エーヤーワディーの生業と気候背景　67

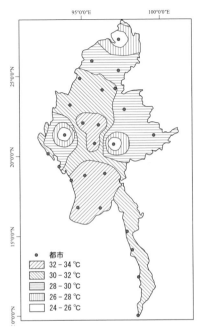

図 3-2 ミャンマーの最高気温分布図
中央部の盆地の両側には気温が低い地域があるが、中央部ベルト地帯は高温地域である。

培されていて、草花は美しく咲き競っていた。高原には茶畑が多く立地している。収穫後の茶葉は、農家の軒先で天日乾燥されている光景を見かけた。この地域で生産される茶葉は高級茶であり、ケイトエラインさんによるとヤンゴン市民のお気に入りの茶だと説明していた。日本人の食味からすると、煎茶ではなくほうじ茶のような味に感じられた。この地域の日中気温は29.4℃〜15.6℃を前後している。朝晩には山からのさわやかな涼風が吹き、常春のように気持ちのよい高原地帯であった。

　ミャンマーには、ヤンゴン市とマンダレー市という2つの文化を代表する巨大都市がある。各々の地域の歴史、文化・経済状態は異なっている。旧王都として栄えてきたマンダレー市と近代化の中で経済発展の歯車として動かされてきた旧首都ヤンゴン市という町は、二面性を持つ歴史的性格にも違いがある。

写真 3-1 パガン東方の乾燥地域の農村

写真 3-2 農作業用の牛車

マンダレー市とヤンゴン市は、対照的な市街地構造を持っている。日本的な感覚でこの2つの都市を眺めると、前者が「京都」であり後者が「東京」というような歴史文化都市と経済政治都市に見える。マンダレー盆地の中央部に線引きされた碁盤目の道路の形状を見ると、奈良や京都の町の基礎となっている街

3. エーヤーワディーの生業と気候背景　69

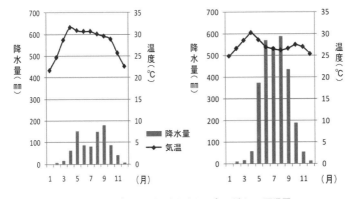

図 3-3　マンダレー盆地（左）とヤンゴン（右）の雨温図

路形態を思い浮かべることができる。マンダレー市とヤンゴン川の河川縁に構築されていった政治・経済都市のヤンゴン市では、都市計画のパターンも異なっている。これの2つの都市を取り巻く自然環境にも違いがある。

　マンダレー盆地帯の雨温図をみると、月降水量は少なく、気温は1年を通して高い。東側の高原地帯と西側の山脈帯が障壁となっているためであろう。雨期の降水量も少ない乾燥盆地では、気温の年較差が10℃、月平均気温は20℃を下回ることはない。月平均降雨量は 200 mm を超えない。ケッペン気候分類では、サバナ気候と示されている。地表面を被覆する植生はまばらで、サボテン類の肉厚の葉の植物を見かけた。乾燥の中心にあたるマンダレーやパガンには、王都と聖域が建設され、乾燥という自然環境に王朝が抱擁されたことは不思議である。信仰対象、寺院、パゴダが積極的に建設された時代、モンスーンのあらわれ方は、現在とは異なっていたのではなかろうか？より自然環境の厳しい乾燥地域での統治は、湿潤地域より容易かったのだろうか？土地という場の説明があると、歴史時代の人々の動きがわかりやすいような気がする。

3.2 生業とのかかわり

　エーヤーワディー川の上流地域と下流地域での農業的土地利用は、局地気候によって各々の地域の生業は異なっている。生業が自然環境因子でも表現でき

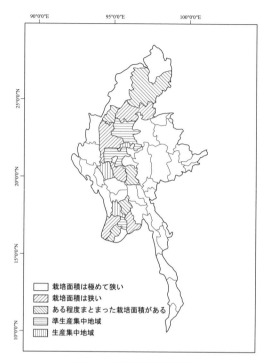

図 3-4　メイズ生産地域分布図
中央部の乾燥地域を中心にして南部のデルタ地域まで生産の分布範囲は広い。

るのは興味深い。メイズはこの流域内において、多く生産される農産物の１つであるが、乾燥する中央部盆地の周辺に耕作地が広がっている。

　エーヤーワディー川流域には、灌漑農業地域が広く展開しており、ことにマンダレー盆地を中心とする比較的乾燥の厳しい中央盆地の周辺においては中世の早い時期から「ため池灌漑農業」が展開していった（Johanna 1992）。ため池灌漑はこの河川流域の全体にわたって認められる。これらの灌漑施設に合わせて、河川からの農業用水の取水を可能とさせる「堰と用水施設」を具備する灌漑農業施設は下流一円に広がっている。中央部の乾燥盆地は、灌漑農業地域とも重なっている。乾燥した内陸盆地で行われてきた伝統的な灌漑農業施設は、現在では、写真 3-3 に示すような大型の近代的な灌漑排水施設に置き換えられ

3. エーヤーワディーの生業と気候背景　71

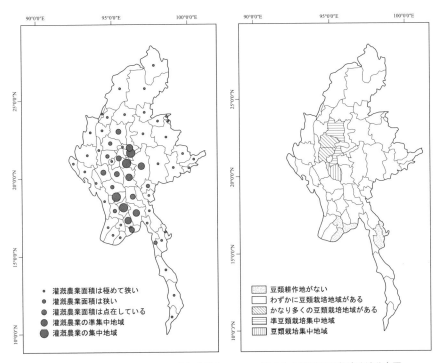

図 3-5　ため池などを用いたミャンマーの灌漑農業地域分布図

エーヤーワデイー川流域には灌漑農業地域が広がっているが、乾燥する中央部盆地では灌漑農業比率が特に高い。

図 3-6　豆類などの栽培地域分布図

乾燥する中央部盆地には豆類災害地域が集中している。

ている地区もある。

　一方、丘陵、山岳地域では、灌漑施設を備えている農業地域の面積は限られている。ラッカセイ、セサミなどの商品作物、豆類などの畑作地域の分布をみると、中央盆地に耕作面積を広げている。

　エーヤーワディーデルタは、河口部から 289.9 km 上流側に位置するミャナウン地点を頂点として 31,080 km^2 の面積を抱える巨大な氾濫平野である。パテイン川、ピマラ川、ヤンゴン川などの河川は、エーヤーワディーデルタを支えている 3 大分岐流である（松本・春山 2010）。

写真 3-3　乾燥地域の灌漑水路

写真 3-4　エーヤーワディーデルタの水田

　これらの 3 河川ともに河川勾配はいたって緩やかであり、低平地を流れて分岐・合流を繰り返している。デルタの気候は中央部乾燥地域とは全く異なっており、降水量・気温の変化は小さく暑い。気候の日較差も年較差も小さい。月平均気温は 25℃を下回る事は少なく、年中蒸し暑い。
　この地域の気候を示すのに「暑い、少し暑い、すごく暑い」という 3 段階の暑さで表現するミャンマー人もいる。年間降水量には地域差があるが、2,000 〜 5,000 mm と多雨であり、5 〜 10 月のモンスーン期に降水は集中する。ヤンゴンを 6 〜 8 月に訪問した時、その月降雨量は 500 mm を超えており、降雨強度の大きな雨の中をヤンゴンの町中をタクシーで移動したところ、車のフロントガラスに打ち付ける雨粒で、車外が見えなくなってしまったことがあった。

3. エーヤーワディーの生業と気候背景　73

写真 3-5　河畔の農地
季節によって耕作地となる。

写真 3-6　エーヤーワディー川下流地域に展開する河畔での耕作

　「日本で生産された頑丈なはずの折り畳み傘」を持ってしても、瞬時に壊れるほどのスコールは降雨強度が大きく、さらに「1日に何度も」繰り返えして発生していた。11〜4月の乾季になると、月降雨量は 100 mm 以下と極めて少ない。しかしこの時期、ぐんぐん気温は上昇していき、冷房設備のないヤンゴン市を走るタクシーを使って移動しようものなら、車内温度は 50℃ にまで上昇してしまい、乗った途端にぐったりとする。この地域はケッペン気候区では熱帯モンスーンでデルタ南部にはマングローブ林がある。

4. 描かれていた河川景観

4.1 19世紀初頭に描かれた河川景観

　R.J.Chorley ほか（1984）、A.N. Clark（1982）は、ミャンマーの河川流域における降雨の状況を記載している。その記載を見ると、この河川の流域は山地・丘陵などが存在していることで分水界などにも大きく規制しており、巨大河川に合流する各支流域には独自の水系網が発達されてきたことを示している。この河川流域における河川水系の発達をみると、流域の地質構造と局地的な気候状況など自然環境の要因に大きく制限を受けており、地域多様性が認められる。エーヤーワディー川流域に発達する河川網は、モザイク状をなしており、また、本川に沿って山間盆地と峡谷が繰り返されていること、本川に対して合流してくる支流数が極めて多いこと、合流後には分岐流ができていることなどは繰り返されているなどの特色がある。

　チンドウィン川、シッタウン川、エーヤーワディー川の代表的な支川である。これらの河川の流下方向、支流の流域形態をみると、ほぼ南北方向にその主軸があり、あたかも地質構造が河川の形態を規制しているかのように読み取れる。ミャンマーの北部にそそり立つ山岳地帯が南北方向に並び、直線状に分布している事は河川の流れ方にも反映されている。北から南への河川の流下方向は、河川に合流する支流の大小を問わないようである。エーヤーワディー川は船運が盛んな河川であり、バーモまでが可航河川区間であると記されている（Kay, Haruyama and Aye 2014b）。

　Bender（1983）はエーヤーワディー川の延長距離を 2,010 km、流域面積を 415,700 km^2 と表記している。さらに、この研究者はこの河川に関わる「地名の由来」についての記載をしている。この記載からいくつかの河川の意味を紹介してみたい。

　たとえば、エーヤーワディーはヒンズー教徒が使う Airawati, the Elephant River に由来すると考えられている。一方で、サンスクリット語の Iravati に語

写真 4-1 ミッチーナ地点
ケイトエラインさんと礫の転がる河床。

源があるかもしれないという。パガン王朝期にはエーヤーワディー川には特別な河川名称はなく、単に「川」と表記されていたらしい。現エーヤーワディー川は上流域のナミカ川とマリカ川が合流すると、河川名称エーヤーワディーが登場する。上流は高山地帯から流出する融雪水が涵養しているとしている。

2河川の合流地点は北緯25°45′、東経97°40′で、ミッチーナ北部にある。マリカ川はジンパウ語で大河川という意味であり、ミャンマー語でミッチー川、ナミカ川を Bad River などが語源であるとしている。1924年にビルマ探検したワード卿はその著述のなかで、エーヤーワディー川を「流域面積は 1,165.5 km^2 で流域内に氷河を包含し、氷河の雪線高度は 4,665 m、エーヤーワディー川は東部高地とザガイン－マンジン丘陵地の間を開削して流下する。下流でラカイン山脈とバゴ山脈の間を流れる」と記載している。

ミャンマーの国土の骨格をなしている地質や河川形状を記載したものに、20世紀前半に記載された Chhibber（1934）の論考がある。エーヤーワディー川をいくつかの河川区間で区切って解説しているので、この説明から当時の河川景観を眺めてみたい。

写真 4-2 ミッチーナを流れるエーヤーワディーの水面

写真 4-3 マリカ川とナミカ川合流地点空撮図
ケイトエラインの夫君が飛行機から撮影した。

①合流点からバーモ地点までは河川は北に向かっていて、241.5 km 地点におけるエーヤーワディー川の河幅は低水位時に 0.4 km、河道の最大深度は 9 m にしか過ぎない表流水である。南流してミッチーナに至るまでの区間において本流は、直線的な流れを見せている。ミッチーナとシンボーの間では河幅は 728 m へと拡大している。シンボー地点における川幅は 1.61 km とさらに拡大していくが、第一峡谷をむかえると河幅は 45.5 〜 54.6 m と狭められていく。峡谷の中、河川は逆流と渦の流れが激しく、シンボーでは高水位時に 24 〜 30

4. 描かれていた河川景観

写真 4-4 マリカ川とナミカ川との合流地点
ケイトエライン夫君撮影。上流であるが河川勾配は緩やかで砂河床である。

m にも跳ね上がる地点がある。この地域では谷壁斜面の崩壊が顕著であり、砂礫生産量が多い。バーモ盆地に入ると、本流は曲流を繰り返すようになる。

②バーモ地点からカタ地点までの間には第二峡谷がある。第二峡谷の川幅は狭い所では 91 m であり、両岸は垂直に切り立つ崖であって 60～90m に及んでいる。この峡谷を抜けると沖積平野に突入する。

③カタ地点からマンダレー盆地までは本流は断層、構造線に沿って流れ、カタからタガウン間は乾季の低水時に河成堆積物が河床に露出している。シャン高原のモゴックは地形の隆起部にあたっておりエーヤーワディー川は、古い時代の地殻変動の影響を受けた隆起部と地溝を交互に切って流れていき、河川勾配の変化が顕著である。第三峡谷はタガウンからタベイキン間に位置している。シュエボー管轄区のカウェト村近傍ではエーヤーワディー川の河床に溶岩が露出し、この地点で河川は西側に向かって直角に曲がる。

④マンダレー盆地からタヤット地点までの山間盆地を通過する時には、エーヤーワディー川は東西方向に何回も屈曲を繰り返している。この内陸の盆地は褶曲運動によって形成されたと考えられていて、盆地の中央部には氾濫原があ

写真 4-5 静かに時が流れる村

写真 4-6 水路のある景観

る。盆地縁には旧エーヤーワディー川が形成した河岸段丘が発達している。この区間では河床に小礫が見られ、中州が発達していること、河床が網目状であることに着目される。この区間では、川幅と河道形態の変動が大きい。

　2000年以降、筆者らはパガン地域で本流河川の河床材料の調査を行った。パガンの寺院近くの河畔に立ってみると、乾季で河床をあらわしている本川の中州では建物用の骨材採取を行っている農夫の姿を見かけた。数人でグループを組んだ村人は目の詰まった竹製のザルを持って河川に入り、腰丈から背中ま

4. 描かれていた河川景観

写真 4-7 川での洗濯
マンダレーの町の郊外の風景。

で水に浸かりながら河砂を採取し、ザルごと土砂を小舟に放り上げた。小舟が岸に戻ると岸で待つ農夫らは、採掘された土砂を放り上げて小山を作っていた。

　地下水が浅い河岸の傾斜地と中州は、モンスーンの洪水期に土砂が堆積して表土が若返り、大変豊かな土壌を提供するために農地として価値が高いと農夫らは考えている。この河畔の傾斜地は河床に近い区間までは、蔬菜畑として耕作されている。この乾燥した大地から独立峰ポパ山を遠望できる。ポパ山は垂直に立つ岩肌が特異な独立峰として奇妙な景観をみせている。山頂には寺院が建造されているが、山頂まで長い参道として屋根のある回廊が廻らされている。地域の住民はこの山を神々しいと考え、ヤンゴンからの参詣者は後を絶たない。

　再度、Chibber の記載に戻ると、ポパ山の独立峰の存在が旧エーヤーワディーの蛇行を繰り返させる要因と示している。パガン周辺の河川勾配は極めて小さく 6.3 cm/km にしかすぎず、上流地域でありながら川の流れはかなり緩やかであり、このような勾配の小ささは蛇行の要因であるとしている。流域東部から本河に流入する河川は極めて短い雨季が認められるが、降水量が少ないために、一時的な流れを示すに過ぎない「季節河川（枯れ川）」の様子を示している。乾季になると、これらの枯れ川の河床にはランダムに砂・小礫が堆積している

写真 4-8 パテインの町とパテイン川
大きく蛇行するパテイン川に沿って市街地が伸びている。

のが見て取れるが、水流は見られない。河床には、豪雨時の土石流で流下した角張った砂礫が堆積している。

⑤ミャナウン峡谷を経過すると、エーヤーワディー川は分岐・分流を開始する。地形勾配は緩やかで、地質構造とは無関係に河川が流れる。ピーより 145 km 下流に位置するニャンギョーから本川は、沖積平野に突入していく。その後、パテイン川とガーウン川を分岐している。マグウェー近傍では、砂岩・砂層が露出して砂岩崖に陀仏像が描かれている。トネボ「アクタング」は、信仰地域として名高い。デルタではパテイン川を含め 9 河川に分岐し、モッタマ湾に注ぐ地域は潮汐影響を受けている。

日本の河川と比べると、ミャンマーの沖積平野における地形勾配も河川勾配も極めて緩やかであり、このために沿岸域での塩水遡上区間は長く内陸部まで入り込んでいく。デルタの前進過程について示された等深線を比較することで、H.L. Chhibber（1934）は 1860 年～1870 年と 1909 年～1910 年の変化をみて、デルタの 100 年間の前進は最大 4.8 km であったとしている。しかし、一方で Edwin は 100 年間のデルタの前進は 6.1 km としている。

4.2 支河と分岐流の作る河川景観

　ナミカ川とマリカ川が合流すると、その後、ナムカウン川、モレ川、タピン川、インドウ川がそれぞれ合流してくる。シャン高原の北方から流れ出てくるミッチナー川は、マンダレー地点の下流側において本川に合流してくる。ミンムより下流側ではム川が右岸側から本川に合流する。チンドウィン川、水量が豊富なウル川、ユ川、ミッタ川はパッコック上流で本川に合流する。

　中央低地帯では、西側からヤウ川、サリン川、モネ川、マン川、東側からミンドン川、ピン川が合流する。タピン川の流量は豊富で、バーモの北側 1.6 km 地点でエーヤーワディー川に合流し、乾季の川幅は 182 m、雨季の川幅は 455 m と雨季・乾季での変動量が大きい。タナイカ川はカチン丘陵に水源があり、フンガウン峡谷まで北に曲流する。フンガウン峡谷ではタロン川とタウンハカ川を合流させる。峡谷を通過した後、シンカリン、ハンチまでは急流と滝のような流れが繰り返されていく。ウル川、ユ川、ミッタ川はチンドウィン川の支流である。

　Chibber（1934）は、火山の存在が旧チンドウィン川を大きく曲流させたと推定している。ミャンマーの骨格をみると、全体に地殻変動も関与したことも容易に想像できる。チンドウィン川の集水域は 114,000 km^2 であり、水源は断層湖であるノウヤン湖（N 27° 13', E 96° 11'）にある。

　熱帯河川の土砂運搬量は多いが、エーヤーワディー流域の浸食量は世界的にみても大きい。Chibber（1936）の浸食推定値は 400 年間で平均 0.3 m、Stamp（1940）は 400 年の平均的浸食値を 2.54 cm と算定している。両者の数値は 1 桁も異な

表 4-1　エーヤーワディー諸言

河川名称	河口からの距離 (mile)	最大洪水流量 (1000ft^3/sec)	流域面積 (mile^2)	年間流出量 (1000ft^3)
河口部	0		255,000	310,000
ミャナウン	218	2,000	140,000	280,000
チンドウイン合流地点	559		227,870	260,000
マンダレー	670		48,160	140,000
カタ	890		32,400	119,000

表 4-2 支流河川の諸言

支流河川名称	流路延長 (mile)	源流高度 (Ft)	流域面積 (mile^2)	年間運搬堆積物 (1000ft^3)
ミッタ川	218	8,000	9,277	15,000
ウル川			4,792	9,700
マリカ川	228	16,000	9,093	46,500
タピン川	164	2,750	3,256	7,600
シュエリ川	380	11,000	8,805	17,300
ミッチーナ川	3,128	4,500	1,960	2,300
ム川	270	1,750	7,275	5,800
ヤ川	148	8,750	2,575	11,900
ピン川		5,000	1,014	
イン川		2,000	2,410	1,540
マン川	78	4,250	717	725

Nyi Nyi (1967) "Article on the Physiography of Burma (Myanmar)", Department of Geology, Rangoon (Yangon) Arts and Science University, p.9-11 を参照した。

るが、推定式が異なっているのであろう。グローバルに見ると、どちらの計算値も大きな値であることには違いない。1869 ～ 1879 年に行われた R. Gordon の研究では、エーヤーワディーデルタへの運搬土砂量は年間平均で、2 億 6,100 万トン /year、マンダレーを通過したシルトの運搬総量は 3,200 万トン /year としている。ミャンマーの中央部に位置している乾燥地域から 2 億 2,900 万トン /year に及ぶシルトが河川に運搬されていたことになる。2 億 2,900 万トン /year のうち 1 億 900 万トン /year は、チンドウィン川から運搬されたと推定されている。

河川が運搬している土砂の半分にあたる 1 億 2000 万トン /year は、中央部乾燥地から供給されたと推定されており、その理由の 1 つには乾燥地でみられる特異な降雨パターンと土石流発生をひき出す洪水があげられている。すなわち、突発的な豪雨で浸食量が増加すると考えられてきた。Stamp（1940）はサイカ（Saiktha）地点を事例に取って、エーヤーワディー川の年平均流量を 3,989 億 1,200 万 m^3/year、運搬物質の年間総量を 2 億 6,100 万トンと推定している。エーヤーワディーデルタは 100 年間で 4.5 km（Ba Kyi 1964）前進したと計算され

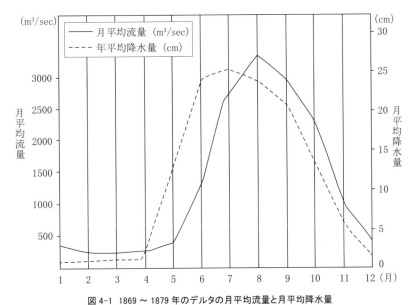

図 4-1　1869 〜 1879 年のデルタの月平均流量と月平均降水量
Maung Maung Aye　2004 を参照した。雨季の降水量と河川の流量はリンクしている。

ている。

　Rao et al.（2005）は、エーヤーワディーデルタに続く水中デルタの堆積を取り上げて、堆積物の粒度分布は 3 種類に分類できるとしている。1 つ目をマルダバン湾、大陸棚内部に隣接する沿岸地域の泥帯における堆積物、2 つ目は大陸棚外側に残存する砂を主体とする堆積物、そして 3 つ目はマルダバン湾の海底の谷部に残存する砂分を主体とする比較的最近に運搬された泥との混合堆積物とした。Ramaswamy et al.（2004）は、エーヤーワディー川が流出した砂・泥などは沿岸部で東方に向かって流されていき、マルダバン湾に堆積すると考えた。冬季モンスーンが顕著な時期、粗粒物質は西方に向かいベンガル湾に流れ込むと示唆している。

　北ベトナムを事例にとってみると、過去の気候データをもとにして松本（2002）が豪雨、高潮、台風、モンスーンなどによる海岸平野での氾濫・湛水などの災害と、長期的気候変化との関係があることを明らかにしている。この

ようなデータは、すべての東南アジア地域に具備されているものではないが、東南アジア地域の西側に位置しているエーヤーワディー川の流域においても近似した傾向がみられるのであろう。東南アジアに位置している4つの巨大デルタの研究は進んできた。完新世中期以降における自然環境のダイナミックな変化過程を明らかにするための研究数は年々増えており、これらの研究を総覧してみると、時代背景を同じくした自然環境の変動には一連の過程があるように思える（Nguyen et al. 2000, Haruyama and Phai 2002, Ta et al. 2002a, Hori et al. 2001, Funabiki et al. 2010)。

かつて、春山（2011）は北ベトナムの紅河デルタにおける環境変動について調査を行った時期、当該地域における海面は変動を伴いながら、過去20年間で2〜5 mm上昇したことを指摘した。東南アジア地域の気候変化と海水準変化とデルタの微地形の形成には、相互に関係性が見いだせよう。さらに、隣接する巨大河川としてガンジス・ブラフマプトラ川、チャオプラヤ川、メコン川などの諸事例をみてみると、完新世において、特に中期以降には下流地域に巨大デルタが形成されて行く過程をみることができ、グローバルな環境変化の影響を受けたことが示されている。

5. 地形分類図が教えるエーヤーワディー川の地形

5.1 河川勾配から地形がみえる

　空中写真の判読手法を用いて地形を読み解くことができるのは、比較的小面積の地域である。国土全体をカバーしようとすると、地形判読の基本的データが入手困難な領域でも地形理解を可能にさせるのは衛星データである。SRTM3 を用いて、ミャンマーの土地起伏図を作成してみた。作成した図面を簡略化したものが、図 5-1 のミャンマーの標高図である。山岳地帯はヒマラヤ山脈東部にあたり、西側山脈はヒマラヤ前縁帯が大湾曲した延長部分と考えられている。低地部には、エーヤーワディー川とタンルウイン川の下流地域に沖積平野が展開している。タニンタリー半島でアンダマン海に面する海岸平野、北部にシットウェー平野がある。

　標高 50 〜 100 m を示す丘陵地帯は、エーヤーワディー川に沿ってミャンマーの中央部分を占めている。標高 1,000 〜 2,500 m の山岳地域は、ミャンマーの東側及び西側にある。エーヤーワディー川の流域面積は 412,700 km²

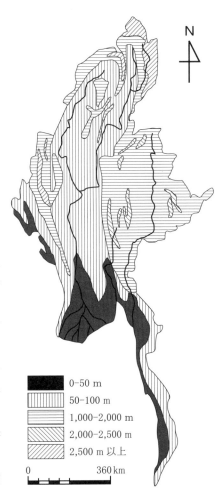

図 5-1　ミャンマーの骨格と標高
詳細を削除しているため単純に南北方向の構造が際立ってみられる。

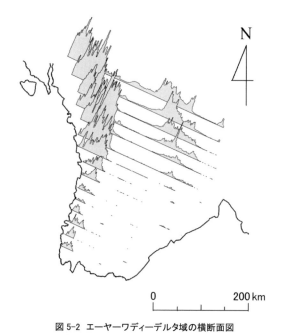

図 5-2 エーヤーワディーデルタ域の横断面図

松本原図。SRTMを使用して地形横断面図を作成した。エーヤーワディー川の形成している沖積平野を取り巻く山岳地域は西側山岳地域の高度が高く東側では低い。東側の起伏を見ると東に向かって傾斜している。

であり、サイカ地点の最大流量は 326,00 m²/s、最少流量は 2,300 m²/s、年間の平均流量は同地点で 13,000 m²/s、河況係数は 14.2 である。

　各地形単位の河川勾配を求めてみると、本川の上流域にあっても、緩勾配の区間が存在していること、遷急点と遷緩点、平衡曲線を描く区間がリズムをもって繰り返されていることがわかる。微地形要素の構成を勘案して、本川の河川勾配区分をデルタ1、デルタ2に細分した。中流から上流地域かけては、中間帯1、2、3、4、5に区分し、地形単位ごとの河川勾配との関係をみてみることにした。河口部からの距離が 102 km 地点、294 km 地点、593 km 地点、641 km 地点、670 km 地点、733 km 地点、808 km 地点、867 km 地点の8地点で河川勾配変換点がある。8地点の現地地名は下流からニャンドン、ヘンサダ、マグウエー、エナンギャン、サリン、パガン、ミンヤン、ミンムの各地点であ

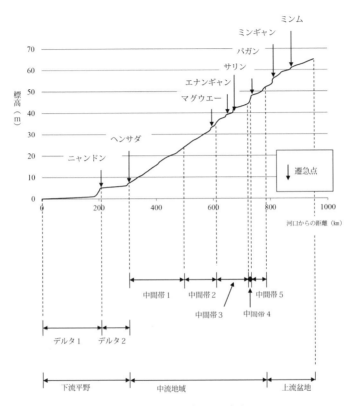

図 5-3 エーヤーワディーの遷急点

松本原図。河川勾配図には 8 つの遷急点が認められる。ヘンサダ地点より下流で勾配は緩やかになるがニャンドンとヘンサダには変換点が認められる。

る。河川勾配の遷移点には、物資輸送上に重要な河港がある（Matsumoto and Haruyama 2011）。

　エーヤーワディー川の河川勾配は、上流盆地から下流デルタまでの大局的な地形と対応しており、大きくみると地形ユニットに応答しているようにみえる。1 つ目の地形ユニットとの対応区間は 779 〜 952 km 区間であり、この区間の平均的な河川勾配は 1/13,275 である。2 つ目の地形ユニットは台地部分を開削して流れる 294 〜 779 km 区間であり、河川勾配の平均は 1/10,552 である。最

後の区間は下流平野にあたる地形ユニットであり、0～294 km 区間にあたり、この区間の平均河川勾配は 1/49,030 に過ぎず、極めてフラットである。

　沖積平野の地形勾配、河川勾配は大陸河川であるために、ともにきわめて微小であるに過ぎない。しかし、中上流地域の区間でさえも、単一河川の河川勾配としては、日本の沖積平野部での流下する河川の示す河川勾配と大差ないほどの緩やかさである。エーヤーワディー川の中上流の河川勾配を日本の河川勾配と置き換えると、デルタ河川区間の河川勾配が示す極めて小さな数値を示すにすぎない。

　「箱根細工のような日本の地形」という表現があるが、エーヤーワディー川では、地形ユニットが大きく「大風呂敷を広げたような切れ目のない変化の少ない大地であって、どこにいても水平線を感じるような地形」とでも称すべきだろうか？

　エーヤーワディー川の河川勾配を地形単位ごとに区切って河川勾配の計算をしたところ、中間帯 5 にあたる 717～779 km 区間は 1/7,746、中間帯 4 にあたる 702～717 km 区間では 1/1,540、中間帯 3 にあたる 592～702 km 区間で 1/10,993、中間帯 2 にあたる 478～592 km 区間では 1/10,520、最後の中間帯 1 にあたる 294～478 km 区間は 1/11,515 であった。下流平野のデルタ 1 にあたる 202～294 km 区間では 1/45,870、デルタ 2 の 0～202 km 区間では 1/50,610 であり、起伏がみられない区間である（Matsumoto and Haruyama 2011）。

5.2 地形分類図からみえるデルタの特徴

　ランドサット ETM 衛星画像、TM 衛星画像を用いてエーヤーワディーデルタの地形分類図を作成してみた。こののっぺりとした低平なデルタには、その前縁部に砂浜海岸が形成されている。円弧上を成している海岸線に沿って、複数列の砂礫帯列と砂丘帯が形成されている。この砂丘列の背後には堤間湿地が形成されていて、水田として利用されている。沿岸部では、地域によってはマングローブ林のある湿地帯が形成されている。デルタの上流側、すなわち、内陸側では地盤標高が高くなり、沿岸地域の起伏とは差異を認めることができる。

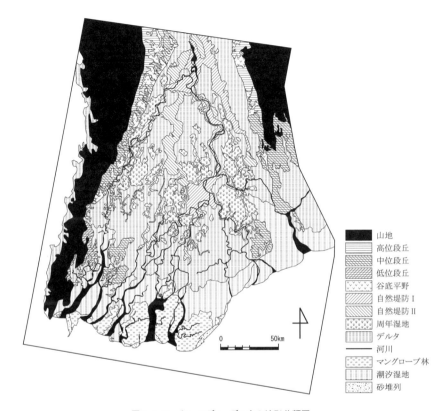

図 5-4　エーヤーワディーデルタの地形分類図
これらの地形のほかにデルタ最前線に完新世段丘があるが図面縮尺で表現できない。

内陸部は数段、数列の自然堤防と後背湿地が形成されているためである。

　複数列の自然堤防は形成時期も異なるのが普通であるが、この地域の自然堤防が形成された時期についての知見はまだ公表されていない。第四紀における汎世界的な気候変化の影響を受けて、特に人間が活動をあらわにした完新世におけるグローバルな温暖期と寒冷期は、このデルタにも影響を与えており、海水準変動は沿岸地域のみならず、デルタ内部まで海退・海進を繰り返させる状況があった。

デルタ最前線においては、デルタ原面の標高と比べると、比高にしておおよそ2〜3mから5mの差異がみられる地形の高まりがあり、この高まりの頂部はフラットな海成段丘として、現地調査でも見出すことができる。沿岸部に形成されている海成段丘とデルタ原面との境は、比高の小さな崖を成しているに過ぎないが、この小さな崖をよく見ると、砂層であることに気が付く。この海成段丘には沿岸農業集落と漁業集落が立地しており、海陸両用世界としての複合的コミュニティーの紐帯をつないでいる集落である。沿岸地域のパゴタや寺院などの建設にあたっては、少しだけ高い海成段丘が好まれている。

デルタ原面との海成段丘との比高は小さい。せいぜい2〜3mに過ぎない。日本においても認められる旧ラグーンを取り巻く低平地域に顔を出している沖積段丘（完新世段丘）との関係によく似ている。完新世に形成された海成段丘である可能性は高い。日本の関東地方には水瓶として水資源運用がなされている霞ヶ浦があるが、この周辺低地は同様の沖積段丘がみられる。湖成段丘と原面との比高は4〜5m、また、2〜3m程度の2つの比高差を持つ段丘があり、完新世の海面変動との関わりで説明できる。霞ヶ浦南部に形成されている完新世の海成段丘には砂州が乗り、その一部には後期古墳などが立地していることもある（大矢・春山 1987）。この小さな微高地は、完新世でも中期以降のグローバルな自然環境の変化にリンクして形成されたものである。グローバルな気候変動と共にデルタの微地形が形成されていき、また、それ以前に形成された段丘面は島のように顔を突き出していて、海成段丘を取り残しながら、海退に転じていったデルタの状況が想像できる。

5.3 デルタの地形要素と組み合わせ

デルタ南部のニャンギョ地点より下流側でのエーヤーワディー川の水系網を抽出してみた。この地域では本川と分岐流路が明瞭であり、「蛇行流路と分岐流路」の組み合わせの地形を示していることが理解できる。デルタ河川となったエーヤーワディー川はニャンドン地点からは東方に向かっている。ヤンゴン川を分岐した後、チャウンギ川とピマラ川をさらに分岐することになる。

パテイン川とヤンゴン川はエーヤーワディー川本流から分岐された後、再び本川と合流することなく、異なった河川としてモッタマ湾に流入していく。エーヤーワディー川には9つの分岐河道があり、河口部での河川の形態をみるとラッパ状をなしている。塩水遡上の距離が長いエスチュアリーを形成している。この区間の流路をみると、直線河道に近い様相を呈している。河口部周辺にも水田耕作地域はあるが、一日に干満の差を受ける地域であり、満潮時には海水が溯上していくために、塩害を克服することが農業の経営には必要な地域である。地下水を汲み上げてさえも高濃度の塩分を含む生活用水を使用しなければならない地域であり、この地域の住民は高血圧を引き起こしており、平均寿命が短く、生活面にも影響が出ている。

　エーヤーワディーデルタは、ナイルデルタのような三角形の形をしている。しかし、ナイルデルタは砂漠地帯に囲まれている。ナイル川は北流していき、地中海式気候の地中海に面するアレキサンドリアからスエズ運河の入り口にかけて逆三角形のデルタ形状を示している。よく発達して砂州と砂丘がナイルデルタの最前線を縁取っている。この砂丘地帯の南側には、いくつもの巨大な汽水湖が形成されている。このような地形配列を考えると、ミャンマーのエーヤーワディーデルタとは、微地形の組み合わせが大きく異なっている。

　ナイルデルタと比較してみると、エーヤーワディー川流域は熱帯アジアにあるため、流域内にもたらされる降水量、ならびにデルタ内部にもたらされる降水量は極めて多い。エーヤーワディーデルタは、そのフリンジを緑の多い森林地帯に囲まれており、モンスーンの降雨に支えられながら、常に豊かな流量を保っている。流域全体は丘陵と山岳地帯に守られていることなど、ナイルデルタを取り囲む自然環境には大きな違いがある。エーヤーワディー川流域には、中流地域に乾燥地域が存在するものの、氷河から流れ出す流量を受け取り、中下流地域、支流域にもたらされる降水量にも支えられて、豊富な水量を持つ河川である。

　デルタ最前線の地形をみると砂丘は点在しているが、下流地域においてエーヤーワディー川では河川流量が大きいことも手伝い、河川の運搬物質の流下量

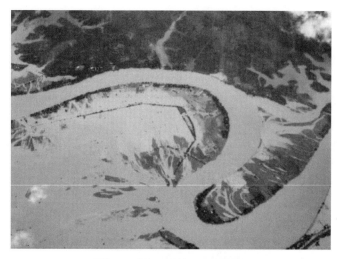

写真 5-1 ガウン川流域の 2012 年洪水
河道のみならず氾濫原に湛水、自然堤防、ポイントバーは植被され植生が水面に浮いている。蛇行が顕著で氾濫源への洪水流入地点には押堀地形、洪水方向も理解できる。

も極めて多い。エスチュアリーの区間においても、潮汐平野が内陸側に広がっていてナイルデルタとは随分と地形が異なっている。わずかな比高に過ぎないものの、海成段丘が点在しており、これらの高まりを使って沿岸部には集落が点在している。

　エーヤーワディーデルタを取り囲む山脈の尾根方向は、南北方向に延びている。ここには地形的な断層線、リニアメントが認められる。ラカイン山脈の東側、バゴ山脈の西側、また、沖積平野と接する山地の裾野には低いながらも海成段丘面が形成されている。この海成段丘は沖積段丘とも重なり、地盤標高は 5 m に及ばない地区もある。完新世以前に形成されている段丘面を見てみると、地盤標高が高い順に高位段丘面、中位段丘面、低位段丘面があり、この3つの段丘面はどの地域でも見られる。高位段丘面は、エーヤーワディー川の本流河口から 250 km 地点、あるいはこれより上流側に位置している山麓部に形成されている。

　中位段丘面は高位段丘面よりは下位面であり、沖積平野原面の近くに形成さ

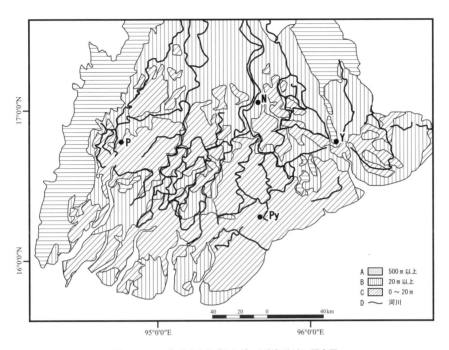

図 5-5　DEM データから作成したデルタ南部地域の標高図
リモートセンシングデータからデルタ南部の DEM データを作成。10 万分の 1 縮尺程度で地盤高は理解しにくいがデルタが 2 分類できる。デルタの標高が地区ごとに異なり海成段丘の存在を理解できる。

れているが、高位段丘面が認められない地域においては、山麓部に残存していることがわかる。山麓部に形成されている段丘面では、谷底平野が発達している場合が多い。特に、ラカイン山麓に沿って大きく開析を受けているため、点在している段丘面は開析度も大きく原面を残していない場合もある。高位段丘面の一部は丘陵化し、残丘化している地域もある。中位段丘面でも谷の開析が進んでいる地域では、段丘面が分断されていること、段丘頂部では平地面が失われている地域もある。低位段丘面はラカイン山地の南縁部に形成されていて、デルタの原面よりわずかに標高は高い。段丘をなしている地質構造は、地下に潜っている。

　広義のエーヤーワディーデルタは、沖積段丘、海成段丘、自然堤防、後背湿

地、デルタ、潮汐平野、砂丘、砂堆列などの集合体としてとられることができる。自然堤防は、自然堤防頂部として氾濫原面に顔を出している部分、湾曲を占めるポイントバー、直線的なリッジ列なども区分できる。また、これらの高位部と高位部の間には、湿地やかつての河川が切断されて、氾濫原に湿地が取り残されて三日月湖が取り残されている。自然堤防帯は標高、連続性、堆積物、比高などに各々の地域で違いがあり、自然堤防Ⅰと自然堤防Ⅱに分類できる。自然堤防帯Ⅱではポイントバーが顕著に発達している。自然堤防帯Ⅰは新しい形成であり河口から113 km、パテイン川では178 kmまで、ヤンゴン川では105 km地点よりも上流側で発達している（Matsumoto and Haruyama 2011）。

通年湿地はデルタ原面に至るところに点在しており、デルタの内奥部に発達している自然堤防地帯の背後には、大きな湿地が形成されている。これらは後背湿地である。後背湿地は、乾季でも湛水する地区が上流側にある。通年湿地は湿地植生に被覆される地区もあるが、多くは水田として開発されている。新旧の自然堤防に合わせ、後背湿地も深い湛水深度を持つ後背湿地Ⅱと浅い湛水深度を持つ後背湿地Ⅰに区分できる。

デルタ最前線の潮汐デルタでは、潮汐作用で形成された潮汐砂州が特徴的である。また、一部エスチュアリー区間がある。デルタは比較的高燥な内陸デルタと低地デルタの2分類できるが、両地域ともミャンマーの一大稲作地域を成している。潮汐デルタの区間は、パテイン川では95 km、ピマラ川では75 km、本流では61 km、ヤンゴン川では54 kmまで、ヤンゴン川では左岸側で内陸側まで潮汐影響が認められる。デルタはFAO作成の2008年サイクロン・ナルギスの高潮浸水域に一致している。干潮デルタにも孤立する湿地帯がある。この縁辺部はマングローブ林であるが、炭生産、エビ・魚養殖建設を目的としてマングローブ林が伐採されている。1920年代の沿岸地域のマングローブ森林面積と比べると、現在の沿岸域の被覆率は4割弱に過ぎない（JICAレポート）。

マングローブ林が果たしてきた高潮発生時の浸水、浸食などの作用の軽減を考えると、津波、高潮、洪水などの災害時にはこれらの沿岸地域の森林地帯の存在や保全は将来的にみて、災害軽減の役割を担うことになろう。

漁業集落、農業集落などの村落が立地している地区の状況を考えると、巨大洪水が発生した場合の緩衝地帯として、沿岸地域にはマングローブ林を保存・保全していくことを検討していく必要があるだろう。

 将来的にみてマングローブ林地帯を広く残し、伐採せずに沿岸保全林として森林保存を行うことが望まれる。沿岸地域における地域計画、防災計画、開発計画の中ではインフラ投資ではなく、自然生態系を残し、より自然環境由来の災害バッファー地区を優先配列させることが良いように思われる。実際、すでに経験した2008年のサイクロン・ナルギスの発生によって高潮被害を受けた地域の中には、被災以前に多くのマングローブ林の伐採が進み、開発を受けていた地域がある。森林の伐採跡地はエビ養殖地となり、小魚の養殖地として使用されていた。砂帯列はデルタ最前に位置しているため、海岸線近くにそびえる砂帯列からは、デルタ形成の過程をみることができる。

5.4 土壌分析からデルタがみえる

 エーヤーワディー川の浮遊土砂流出量は大きい。ミャンマーのもう1つの大河であるサルウィン川とともに年間600億トン以上の土砂を流出させている（Robinson et al. 2007）。エーヤーワディー川の年間流量は428 km^{3}で、同じ規模の流域面積を占有する河川の流量と比べ数値が大きい。

 長い間の国際的にみた閉塞的社会であったことも手伝い、旧宗主国であったイギリス時代に調査されたエーヤーワディーデルタの地形・地質資料は残存しているものの、このデルタの地形発達史は明らかではない。デルタ農村、都市ではUNESCOなどの支援を受けて、地域住民に必要な飲み水を確保するためのボーリング掘削資料はある。しかし、正確な掘削地点は分からず、記載内容は地下水層を示しているものの、地質資料については簡略すぎるので地形形成を理解できる資料ではない。そこで、このデルタの環境変動を調べるためにボーリング調査を行った。デルタ理解に重要な3地点を選定して、地下構造を調べてみることにした。

 オールコアボーリングを行うために選定した3地点とは、デルタの要である

写真 5-2 ボーリングの機材

写真 5-3 ニャンドンの試掘地点
僧侶、業者、近隣の住民とともにケイトエラインさんが中心となりボーリング作業を進めた。

ヘンサダ、デルタの西端のパテイン、デルタの中央部にあたるニャンドンである。エーヤーワディーデルタの堆積環境を理解するために、この地域では初めてのオールコアボーリングの調査を行うことにした。掘削機材を現地で調達す

写真 5-4 ニャンドンの試掘場所
試掘前に寺院で祈りを捧げ、機材をヤンゴンから運送し、矢倉を組み機材を据えつけるのにかかった時間は3日であった。

ることが可能であるかについて、確認には手間取った。ヤンゴン大学地質学教室にはボーリング機材はなく、他の機関で機材を持ち合わせているかどうかを考え、機材保有会社を探すことになった。ケイトエラインさんの知り合いのSUNTEC社がボーリング機材を持っていること、技術者がいること、現地調査を行うことが可能であることを知り、この会社を訪問してみた。この会社はミャンマー森林省の用務を手掛けていて、リモートセンシングやGISなどを用いた空間情報の分析を行う課もあり、ミャンマーの各地域の開発に関わり事前調査を行い、地質調査としてボーリング調査を行っていた。

　掘削地点の掘削許可を取ること、ボーリング調査を進めるために、その開始時期から終了までには半年近くも要することになった。やっとのことで、辿りついたSUNTEC社であったが、1台しかない機材であり、地質調査から森林計画も業務内容としている業者であったため、私どもが必要とする使用可能なボーリング機材は国家レベルの地質調査に用いるため、遠隔地に搬送されていることを知り、さらに機材を調達するまでに時間がかかることが分かった。ボーリング作業を行ったことがあるという機械操作業者と、機材を使用した経験のある技術者との面談に行きつくまでにさらなる日数を待つことになった。

写真 5-5 ニャンドンの試掘地点の寺院
この大木には精霊が住んでいる。樹木の近くには仏陀を置いて崇拝している。

　これらの掘削機械を使用することが可能になったが、そのうえで、現地を訪問して試掘場所の試掘許可を取るためにはさらに時間を要することになった。掘削機材を積み込んだ大型トラックが通ることのできる道路があること、通行可能であるかの確認、業者が掘削時間内、現地で滞在可能な宿舎のあることなども確認した。現地調査への道のりは長く、いくつもの課題をこなすことが必要であった。

　このような経過の中で、ミャンマー社会と出会いがあり、ミャンマー人の生活ポリシーを知り、ミャンマー人の行動規範を知ることができたのは面白かった。しかし、ボーリング機材が古いことと、機材を操作する技術者にオールコアボーリングの意味を理解して、わたくしどもが必要とするコアを引き上げるための説明と理解にはさらなる時間を要した。

　試掘は 2010 年 2 月になんと 1 カ月もの時間を要すことになった。ニャンドンの小さな寺院が立地しているポイントバーで試掘を行ったが、この地域では寺院側の要望もあって、地面掘削をする前には地鎮祭のような行事も執り行うことになった。この 1 カ月という時間、ヤンゴンとニャンドン間の公共交通利用は半日を要したので、ケイトエラインさんとヤンゴン大学の若い研究者が交

5. 地形分類図が教えるエーヤーワディー川の地形　99

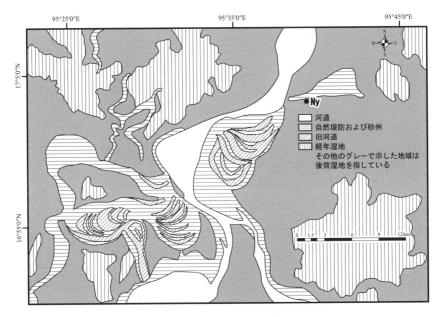

図 5-6　ニャンドン周辺の地形分類図

リモートセンシングデータ、空中写真から地形判読、現地調査を行い作成した。ニャンドン近くでは蛇行流路がはっきりと認められる。洪水時に蛇行が切れ、蛇行繰り返される。三日月湖が残存し水田利用されている。河川には中州が発達している。

　代で寺に宿泊して掘削を見守ってくださった。
　採掘孔からコアが得られたときは大変な喜びであった。採掘に用いたボーリングの機材の直径は 8 cm、掘削した深度は 30.5 m であった。コア収集後、コアを半切してヤンゴン大学に搬送し、ヤンゴン大学地理学研究室の若手研究者が 10 cm 毎のサンプリングを行い、現地で各サンプルの粒度分析を行った。電気伝導度は三重大学で計測し、得られた炭化物の放射性炭素年代測定は Japan AMS Center（東京）に外注することにした。
　現地でオールコアボーリングの作業を行い、ロータリー式の掘削機から一つ一つ土壌試料を引き上げて、分析をする過程と平行して、ニャンドン周辺地域の地形分類図を作成することにした。この地点はエーヤーワディー川が蛇行を

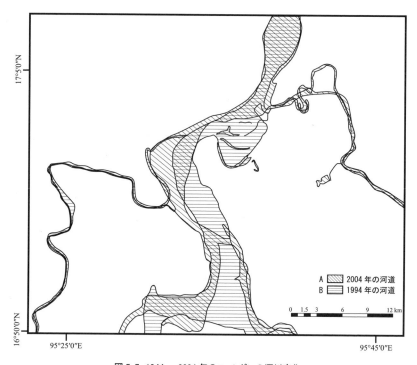

図5-7 1944〜2004年のニャンドンの河川変化
1944〜2004年のエーヤーワディー本流の河道変遷。川幅が大きく蛇行比率も大きい。

繰り返している地形痕跡は認められる。現場では分かりにくいが、標高が異なる自然堤防と後背湿地の組み合わせの地形を分類できた。蛇行跡も認めることができた。後背湿地は通年湿地と乾季に離水するものがあり、旧蛇行流路は三日月湖となっている。左右両岸で地形分布は近似するが、未改変の蛇行帯には大規模な自然堤防が形成されている。

ニャンドン地点において、エーヤーワディー川の本川河道の蛇行曲率を計算してみた。1944年度の蛇行曲率は1.19であり、2004年になると1.29に変化している。最近60年間における蛇行曲率は変化していることがわかる。1944〜2004年の間、河口部は後退している。その後退速度は2.76 m/yearと計算されている。必ずしも大きな数値ではないが、この海岸線の後退は継続している。

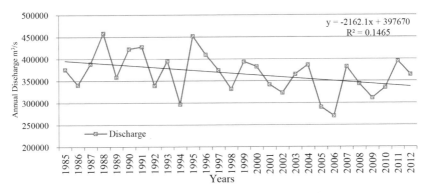

図 5-8 ザルーン観測地点のエーヤーワディー川の流量変化
ザルーン観測点は、ヘンサダの下流側にある。観測地点でモンスーンの降水量の影響、流量変化の年々変動が認められる。

エーヤーワディー水系の水文観測地点ザルーンで得た水文資料をみてみると、エーヤーワディー川の流出量は 11,605 m^3/s である。

この地点では流出量が 1985 年以降にわずかに減少していることが示されている。デルタでの洪水は 8 月に発生することが一般的であるが、この観測点の最大流出量をみると、既往最大流量は 1988 年 458,680 m^3/s、既往最少流出量は 2006 年 270,503 m^3/s であった。エーヤーワディー川での年平均流出量は、366,320 m^3/s と記録されている。最大降雨量年は 1995 年に出現しており、その年の雨量は 1,327 mm であった。最少降雨量年は 2006 年に出現しており雨量は 794 mm であった。

堆積構造、粒度分析、EC、炭素 14 の年代測定をもとにして引き上げたコアを 3 つのユニットに分類してみた。ユニット A を海成堆積物、ユニット B を潮の影響を受ける流路をもつ、海岸湿地における堆積物、そしてユニット C を河成堆積物とした。さらに堆積コアの有機物を多く包含する層についての放射性炭素を年代測定しユニットごとの年代を求めてみた。

ユニット A (堆積深度 30.5 〜 23.7 m) は、ユニット A の上部 (30.5 〜 29 m) に鉄分、石英、また砂礫を多く含んだ濃緑灰色の微砂である。泥帯は 50 % 以上、EC 値は 194 〜 330 µS/cm である。コア深度 29 〜 28 m の堆積物は褐黄灰色細

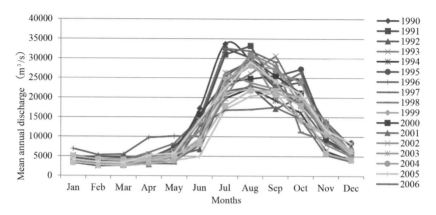

図 5-9 ザルーン観測地点における最近 20 年間の流量の月別変化

1990 〜 2010 年の月別流量は 6 月以降の流量増大と 8 月のピーク、11 月の流量減少がわかる。乾季と雨季の降水量変化は河川流量のダイナミックに働く。雨季の流量増大は年々変化がありピークが 1 回、もしくは 2 回現れる年がある。2006 年は流量が少なく変動幅も小さい。1991 年は変動幅が大きい。

砂とマリンブルーの硬質粘土で、シルト粘土比率は 83% で、EC は 100 〜 587 µS/cm であった。底部の深度 28 〜 23.7 m では褐黄灰色の粗砂、砂礫層を含み、当時は湿地環境であったと伺われる鉄分の集積、濃青色の粘土層の存在などがみられた。さらに、灰青色の粘土層中にはマングローブ林ほかの塩水湿地特有の植物の存在が示唆された。当時は潮汐の影響を受けていたようである。

この地層のユニットの年代をみてみると、7.2 〜 7.7 cal kyr BP であった。地下茎などの有機物を含むシルト粘土層は、泥炭も含まれている。この地層ユニットのみられる時代には、この地域が氾濫原や塩水湿地環境であった可能性が高いと考えることができる。

このような完新世における中期以降の環境変動を考えると、エーヤーワディーデルタでもデルタの地形が形成されていく時間軸を見てみると東南アジアのデルタでは同様な環境変化をみることができる（Howard and Frey 1984, Dalrymple et al. 1992, Allen and Posametier 1994, Reading and Collinson 1996, Funabiki 2012, Hori et al. 2001a; 2001b; 2002）。7.27.8cal kyr BP 頃の海面上昇期間には、この地域ではマングローブ林が広がる堆積環境であったようだ。

5. 地形分類図が教えるエーヤーワディー川の地形　103

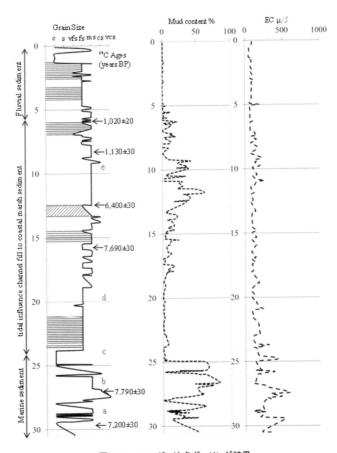

図 5-10　ニャンドン地点ボーリング結果

堆積層、mud contents と EC の値を記載している。もとの土壌試料は 5cm 刻みでサンプリングをしている。

　ユニット B（堆積深度 23.7 〜 5.8 m）は 17.9 m である。このユニットの底部とその下部の堆積物の間の境界線は、ユニット A とは異なる。上部層では EC 値が 81 〜 231 μS/cm であり、泥分は 8% 以上、濃灰色の粗い中粒砂で構成されている。このユニットの中央部は鉄分を含む青色粘土層であり、有機物を含む。上・中部層は潮汐の影響を受けている。砂礫層には薄板状の層が含まれることがある。ユニット B の中間部は 20 % の泥分を含む砂まじりシルト層であ

写真 5-6　引き上げたボーリング試料
縞模様がみえる層。砂層を掘削する際には多くの土砂をホールに落としてしまうため、引き上げた土壌サンプルの量は少ない。

り、EC 値は 81 〜 154 μS/cm であり、この層がかなり塩分濃度の高い水環境にあったことを示している。ユニット B 下部は褐黄緑色粗粒砂層で泥分は 5%、EC 値は 63 〜 191 μS/cm である。河川の影響を受けるラグーンの堆積物とも考えられ、ところどころに鉄斑が認められる泥層である。ユニット B は 1.1 〜 1.7 cal kyr BP の時間軸で考えられる堆積物である。

次にユニット C（堆積深度 5.8 〜 0 m）を見てみよう。このユニットの上部では泥分はわずか 1% にしかすぎず、EC 値は 100 μS/cm 以下に過ぎず、淡褐色の粗砂土層である。この下部層には赤茶斑泥分と小根を含む灰色砂質粘土層があり、EC 値は 100 μS/cm 以下である。この層は河成の堆積物であろう。ユニット C の表土近くは氾濫原もしくは自然堤防などの氾濫原の地形の特徴が表れている。この層は 0 〜 1.1 cal kyr BP の堆積物である。

オールコアボーリングの試料から BP6,000 年初期には開始したデルタの堆積、潮汐作用の影響を受けた塩性湿地堆積物は BP7,690 〜 1,020 年頃の堆積である。堆積速度は 11 cm/year（深度 15.9 〜 27.5 m 間）と計算できる。潮汐作用の影響下での堆積速度は 0.12 cm/year（深度 8.3 〜 15.9 m 間）である。河成作用で堆積が進んだ時期の堆積速度は、0.63 cm/year であった。海成堆積物の粒度分析の結果から過去の流出量を比較してみたところ、BP7,790 years で 3,292,607 m^3/s、最小流出量は BP1,020 years の 353,272 m^3/s と計算できた。

5.5 地形分類図からみえるマンダレー盆地の特色

　南北に走る断層線に加え、エーヤーワディー川西部には地溝帯がある。西部山地帯と東部高地帯から褶曲によって突出した高位面に遮られて、エーヤーワディー川は見事に曲流する。乾燥地域特有の浸食山地の斜面系、その斜面の前面にはペディメントが形成されている。季節的な降雨を受けて季節的な流れをなすワジ（枯れ川）の流路跡が網目状の河床を見せている。マンダレー盆地のエーヤーワディー川は、左右両岸の合流支流の河川形態が異なる。河川を取り巻く気候が異なることにも起因している。左岸の支流集水域が乾燥地帯にあり、乾季には流水が維持できない枯川である一方、右岸側にはエーヤーワディー川では最大支流であるチンドウィン川やヤウ川のように通年流水している河川である。

　西部山地帯側は断層運動の影響を受けて、地溝・地塁の地形が繰り返されている。マンダレー盆地を取り巻いて発達している高地では高位面、中位面、低位面が形成されている。広い幅を持つ谷底平野は東部高地帯と西部山地帯に形成されているが、東部高地帯の谷底平野の谷底は長く深い。東西方向の谷より南北方向の谷が幅広く網目状河川、湿地帯や中州の形成が顕著である。浸食

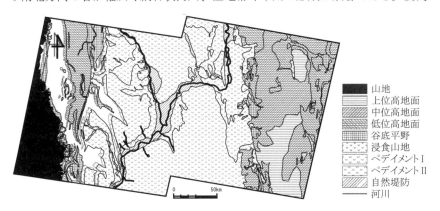

図 5-11 マンダレー盆地の地形分類図

この縮尺の地形分類図では河岸段丘面の面積は狭いため地形単位として反映できないが氾濫原のエッジに河岸段丘が形成されている。

山地の高度は 400 m であり、裾野にかけてペディメントを形成している。

　マンダレー盆地は半乾燥地域であるので、浸食山地には耕作や人々の生活用水を確保するためにため池が建設され、浸食山地は耕作地として利用されている。マンダレー盆地には高位ペディメント、中位ペディメント、低位ペディメントに 3 分類できた。ミンムーより下流側では、高位面と中位面が分布、上流側ではペディメントがよく発達する低位面がある。氾濫原は自然堤防、ポイントバー、リッジ、それら微高地背後の湿地と三日月湖が地表面に残存している（Matsumoto and Haruyama 2011）。

6. 変化するエーヤーワディー

6.1 流路の形態

　エーヤーワディー川流域は、夏季に南西モンスーンの影響下にある。堤防をもたないため、雨季の洪水に伴って、河川流路が変更しやすい。流路変更は人為的な河川改修が行われず、河道固定がなされないためで、河川は自由移動している。正確な比較はできないが、データとして使用可能な1940年代に印刷された外邦図と、2000年代撮影の衛星画像の2つの年次の異なるデータを用いて、エーヤーワディー川の河川動態を計測することで変化を調べてみた。

　計測結果からは河川流路の形状があらわれてくる。また、自然河川としてのダイナミズムを持つ本川として理解できる区間、およびいくつかの下流地域で分岐する河川流路もセグメント分類に加えてみることにした。旧エーヤーワディー川と現エーヤーワディー川の河道形態を比較し、最近60年間の河道変遷の傾向を見てみたい。

　河川流路の平面形態には網状流路、蛇行流路、分岐流路、網状分岐流路、および直線状流路がある。この5つの流路形態は、河川の水理特性、堆積物と密接な関係がある（鈴木 1998）。鈴木の手法（1998）を用いて、エーヤーワディー川の本川河道の形態を分析し、各々の関係性を考えてみた。

　1940年代の流路形態については、陸軍参謀本部陸地測量部の1941～1945年作成の1/50,000縮尺の外邦図を用いた。この地図は、複写物として岐阜県図書館の世界分布図センターが保管・公表している。流路形態変化を考え、分析するために準備した区間は、河口0kmからマンダレー盆地までの流路延長1,000.8 kmの区間である。1/50,000縮尺の外邦図を基図として計測を行うことにしたが、河川の平均的川幅が1.5 kmであることを考慮し、河川の規模を考えると流路因子の計測区間を距離10 km毎とすることが良いと考え、各々で屈曲度、網状度を計測してみた。

　エーヤーワディー川の各区間における屈曲度、網状度、川幅の3つの要素

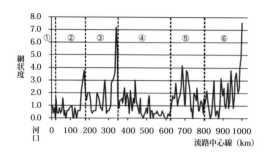

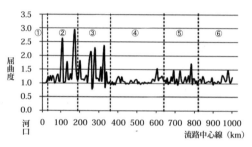

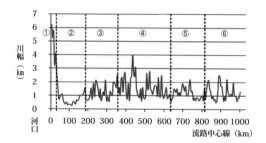

図 6-1 エーヤーワディー川の本流の網状度・屈曲度・川幅
松本原図。河口部から 1000 km 上流地域までを 6 区間に区分すると各々の要素には違いが表れる。第四区間はいずれも値が小さいという特色がみられる。

から河川の変化傾向を取りまとめて見たところ、次のようなことが分かった。第 1 区間は河口 0 〜 26 km の区間である。屈曲度、網状度共に小さく、屈曲度は 1.0 でほとんど変動がみられない。川幅は河口部付近で最大値 6.2 km、上流側に向かって 3.2 km まで徐々に川幅は狭められていく区間である。第 2 区間は 26 〜 179 km の区間である。ここでの河川の屈曲度は 3.0 と極めて大きな値で最大値が認められる。区間内では屈曲度の変化が大きく、最大値と最小値の差は 2.0 である。河口より 108 km、171 km 地点では鋭角な凸を示しており、蛇行幅も広く、蛇行振幅が大きいことがこの区間の河川形態の特色である。網状度は 135 km 地点の 3.8 を除けば、全体的に低い値を示しており、川幅が狭められている区間である。

第 3 区間は 179 〜 350 km の区間である。前区間と同様で、区間内での屈曲度の変化は 1.6 である。河口より 259 km、279 km、328 km の 3 地点で凸型を示し、

表6-1 地形単位でみられる屈曲と・網状度・川幅の関係性について

地形	デルタ1	デルタ2	中間帯1	中間帯2	中間帯3	中間帯4
河口からの距離(km)	0-26	26-179	179-350	350-623	623-806	806-1000
屈曲度	1.03	1.34	1.31	1.07	1.15	1.11
網状度	0.76	0.81	1.81	0.84	1.73	1.97
川幅(km)	4.9	0.8	1.3	2.4	1.2	1.2
勾配	1/37000	1/8200	1/4000	1/4900	1/2700	1/9400
流路形態	直線状流路	分岐流路	網状分岐流路	直線・蛇行流路	網状流路	網状分岐流路

蛇行振幅が大きい。260 km 地点で網状度 7.2 を示している。第 4 区間は 350 〜 623 km の区間である。屈曲度、網状度共に小さい値である。区間内での屈曲度の最大値と最小値の差は 0.5 に過ぎず、小さな変動量である。川幅については、0.6 〜 4.0 km と変動が激しい区間である。

第 5 区間は 623 〜 806 km の区間である。前者の第 4 区間と同様に屈曲度は最大で 1.7 と小さく、最大値と最小値の差も 1.0 と変動も少ない。第 4 区間と異なっているのは屈曲度の変化が大きく網状度が 3.0 を超える地点もあり、全体的に見ると大きな値を示す区間である。第 6 区間は 806 〜 1,008 km の区間である。第 4 区間について区間内における屈曲度の最大値が 1.3 と小さい。屈曲度の最大値と最小値の差は 0.3 と小さく、変動量は第 4 区間に次いで少ない (Matsumoto and Haruyama 2011)。

区間ごとの流路形態をみてみると次に示すように、河川勾配との関わりが大きいことがわかる。デルタ 1：河口部（河口 0 〜 26 km 区間）を見ると、河口部で屈曲度は 1.03、網状度は 0.76 と両値ともに最小値で勾配も 10 〜 4 と最も緩な区間を形成しており直線状流路である。この区間は、川幅が 4.8 km と最も広く、スチュアリーを成している。海水はこの区間内を遡上する。外邦図と照らし合わせると河口部周辺には、マングローブ林が発達している。デルタ 2 の（26 〜 179 km）区間の屈曲度は 1.34、河川勾配は 1/8,200 であり蛇行流路を示しているが、2 本以上を分派する流路もある。小流分岐や蛇行が卓越しており、分岐流路のなかに蛇行流路区間をもっており、振幅の大きな蛇行流路であ

る。デルタ河川においては、他の区間と比べると分岐数は最多である。

　中間帯1：氾濫原平野部（179〜350 km地点）での屈曲度は1.31、網状度は1.81と両値ともに大きい。流路内の蛇行が顕著であり、かつての蛇行流路跡が三日月湖やポイントバーなどとして、地形面に多く残存している。これらは旧蛇行の痕跡として容易に検出できる区間である。分岐流路は下流側に向かうと再合流して分かれ、さらに分岐を繰り返して、中州がよく発達している区間でもある。

　中間帯2：峡谷地帯（350〜623 km地点）においては網状度が0.84と小さく、分岐流路は中州がみられない。屈曲度は1.07で直線的であり「直線状流路と蛇行流路の混合区間」を成している。河川の流路形態は山地により規定され、流路蛇行部の川幅は0.8〜1.2 kmと狭い。直線状流路の川幅は0.6〜4 kmと蛇行部と比較して大きい。

　中間帯3：山地帯（623〜806 km）では先に示した峡谷部よりは谷幅が広く、蛇行・網状が繰り返されている区間である。河道周辺には蛇行痕跡が多くみられ、屈曲度は1.15、網状度は1.73と大きい値を示している。河川勾配も1/2,700と急勾配であり「網状流路」である。網状流路区間では河川勾配が急であり流速も早く、細かく分岐した河道では河床変動量が大きい。河道がきわめて不安定であるため、洪水が発生すると容易に流路が変更することになる。

　中間帯4：盆地帯（806〜1,000 km）区間においては、網状度は1.97であり、最大値をとる。河口部に近いデルタ地域より806 km上流に位置している区間である。しかしながら、河川勾配は1/9,400と意外と緩やかであって網状分岐流路を示す区間もある。上流部で分岐した流路は下流側で再合流する場合が多く、河道内には中州が発達している。

　6つの河川勾配の異なる区間を下流から上流地域までみてみると、地形の大区分ともかかわるが、河川形状は下流側にかけて繰り返されている。上流地域といえども日本の山岳地域の河川形状とは異なっている。セグメントごとに地形形状も異なっていることがわかる。

　次に、最近の河川の形状を2003〜2010年の衛星画像から求めてみた。河川

写真 6-1 ヤンゴン川
河港を望む、緩やかに流れる。

の屈曲度、蛇行形態が外邦図で 60 年前の河川の状態を示すものとして数値を求めた。過去 60 年間、これらの数値に差異がみられるかについて検討してみた。形状変化が表れているエーヤーワディーデルタを中心にして、3 分岐流路であるパテイン川、ピマラ川、ヤンゴン川の屈曲度計測も見てみたい。エーヤーワディー川の本流の 2000 年代の屈曲度と河川勾配との関係をみてみると、河口から 78.3 km 地点まで屈曲度は小さく直線流路である。河口からニャンドン区間までは、凸部分で上流側に屈曲度が大きい。河口からニャンドンに向かうと蛇行度が大きくなる。河口〜ヘンサダ区間では、144 km、175 km、236 km、269 km 地点で屈曲度の最大値は 2.0 を超え、蛇行区間を示している。ヘンサダ〜マグウエ区間の屈曲度は小さく、変動も小さい。マグウエ〜ミンジャン区間では屈曲度は変動するが最大値は 1.6 で小さい。ミンジャン〜最終区間の屈曲度は小さいことが分かった。

　パテイン川、ピマラ川、ヤンゴン川の屈曲度はエーヤーワディー川の本流と比較してみると最大値が小さく、変動も小さいことが示された。パテイン川では屈曲度の変動が大きく、最大値は 249 km 地点で 2.3、最小値は 76 km 地点よ

り下流 1.0、76 km 地点で屈曲度が 1.1 を下回る事はないことが示された。

　ピマラ川は 3 分岐流のなかでは最も屈曲度の変動が小さい河川である。河口から 95 km 地点までは屈曲度が 1.0 〜 1.2 であり、118 km 地点より下流域において屈曲度が 1.2 を上回る事はなく、流路は全体的に直線的である。118 km 地点より上流側では変化があり、1.9 〜 1.3 の間で変動している。

　ヤンゴン川は 3 分岐流の中にあって凸部分が多く出現し、蛇行率も高い。河口から 252 km 地点における屈曲度は 3.0 であり、常に蛇行を繰り返している。また、上流側で凸部の屈曲度が大きい。河口から 79 km 地点までの屈曲度が小さい。

6.2 60 年間で川はどのように変化していたのか

　1940 年代および 2000 年代の 60 年間の年月を隔てた河川の屈曲度を比較してみた。この分析をしてみたところ、屈曲度の変化傾向は 11 区間において顕著であることが分かった。図 6-2 に示す屈曲度の比較図を見ると、②の区間は 1940 年代に比べて 2000 年代では屈曲度が縮小傾向にある。河道の蛇行部区間が直線化し、蛇行が消失していく区間もあることが示されている。また、⑥区間をみてみると、1940 年代に比べて 2000 年代では屈曲度が増大している。この増加傾向は河道の蛇行がより顕著であることを示している。

　最近 60 年間のエーヤーワディー川の河道形状の変化は大きくはないものの、区間によっては変動も大きい。河口部と上流盆地 1、2 の変化率は 0 % であり河道には変化がみられない。一方、中流地域の 1、2、3 の区間では屈曲度の変化率が -3.2、8、-6.1 % と数値変動が大きく、河道が不安定な区間であることがわかる。屈曲度の変化率がマイナスを示す区間では、1940 年代に比べると 2000 年代で大きく、直線流路に変化した。変化率が大きい区間は、蛇行が大きくなる。区間ごとにみると流路延長は短縮され、エーヤーワディー本流の流路長が縮小傾向にある。

6. 変化するエーヤーワディー

表 6-2 分類区間の屈曲度変化と地形特徴

	地形区分	屈曲度 1940 年	屈曲度 2000 年	特徴
1	エスチュアリー	1.13	1.13	本流の川幅が広く流路は直線的であり、河口部にはマングローブ林が立地。
2	デルタ 1	1.42	1.43	全区間で屈曲度は大きく、河川の分岐が顕著、遷急点がある。
3	デルタ 2	1.29	1.33	旧河川の蛇行痕跡が顕著。屈曲度はデルタ 1 について大きい。
4	氾濫原平野	0.99	0.97	屈曲度が最少、流路は直線的。
5	小盆地	1.08	1.11	流路は直線的。
6	峡谷部	1.06	1.04	川幅は狭く屈曲度は地位さ。川幅と蛇行幅は同じ。
7	中流 1	1.25	1.29	蛇行は顕著。屈曲度は中流では最も大きい。
8	中流 2	1.12	1.21	蛇行幅は広く流路は網状、変化率が大きい。
9	中流 3	1.15	1.08	合流河川数が多く、河川勾配は旧。屈曲度は減少傾向。
10	上流盆地 1	1.06	1.06	勾配は緩やか。屈曲度は小さく、変化率はない。
11	上流盆地 2	1.20	1.20	上流盆地 1 より勾配は緩やか。川幅が広がり網状流、屈曲度の変化はない。

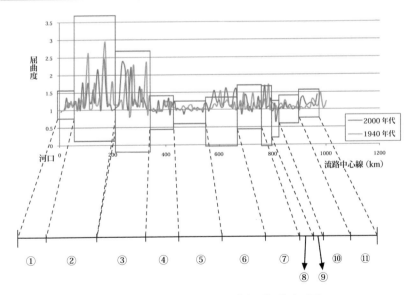

図 6-2 2000 代年と 1940 年代の屈曲度比較（松本原図）

7. 土地利用変化からみた閉鎖水域のインレー湖

　河川は下流に向かって海までの開放系の構造を示しているが、湖沼は内陸部にロックされ独立している。観光地で有名な湖沼としてインレー湖を取り上げ、この周辺地域の変化についておってみることにした。

　インレー湖の集水面積は 5,612 km²、湖沼の水量は 3.5×10^7 m³、湖沼への年間流入量は 1.1×10^8 m³/year、平均的な湖水の滞留時間は 0.32 year とされている（Volk et al. 1996, Su and Jassby 2000, Win 1996, Khin Lay Swe 2011, Mu Mu Than 2007）。インレー湖はニャウンシュエ低地にあり、シャン高原の南側、北緯 19°58'00" から 20°43'05" まで、東経 97°46'30" から 97°55'30" までに位置している。ミャンマーでは 2 番目に面積が広い湖沼であ

表 7-1 インレー湖の諸言

地域	面積 (sq. km)
タマカン盆地	287.43
ロンポ平野	186.68
ニャウンシュエ低地	784.07
モビー谷底平	314.30
ヘーホー盆地	98.81
カラウ南部山地	270.69
ピンラン山脈	461.40
タウンジロネ山脈	393.81
タウンジ山	393.81
キョタロネ山脈	388.33
ティカウン山脈	90.45

写真 7-1 シャン高原の花園

り、南北方向の長さは 22.53 km であり、東西方向の湖沼幅は 11.27 km である。湖沼は南北に延びる断層山地に囲まれていて、湖沼周辺にはタマカン盆地、ヘーホー盆地があるほか、ニャウンシュエ低地が広がっている。この湖の集水面積は 4,110.69 km^2、集水域の標高は最低 870 m、最高 2,045 m である。この湖沼周辺には 200 に近い村落が位置している。夏季の湖沼深度は 2 〜 6 m であり、ニャウンシュエの平均気温は 36.6 ℃である。最低気温は 2.8 ℃を記録し、平均

写真 7-2 シャン高原の土地利用

写真 7-3 シャン高原の若い女性

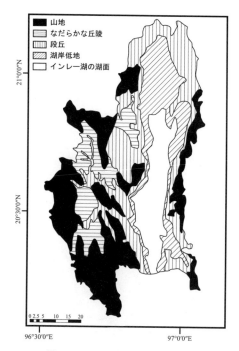

図 7-1 インレー湖周辺地域の標高図

年降水量は 855 mm である。

　エーヤーワディー川流域とは離れるが、内陸湖水地域としてインレー湖の周辺地域については近年の変化が大きいので、この地域の土地利用を 10 年ごとに示してその社会的な変化について追ってみたい。海外からの観光客、さらには国内からの旅行者数が年々増加し、宿泊施設が建設され、特殊な浮島での耕作地拡大は、人文景観と自然環境が作り出す複合的でユニークな生業景観である。

　Steve Butkus and Myint Su（2001）は、最近の湖岸平野での土地利用変化の 1 つとして農業形態の変化を取り上げており、インレー湖の周辺地域では農業経営が変化していること、地域住民が廃棄したゴミで閉鎖水域の湖沼での水質汚濁を進めていったことを示している。閉鎖水域の水質汚濁の要因は複合的である。湖沼と集水地域をみてみると、顕著な土地利用変化の 1 つとして商業的耕

7. 土地利用変化からみた閉鎖水域のインレー湖　117

写真 7-4　風選の作業

写真 7-5　ニャウンシュエの公園

作地域が拡大していったことをあげることができよう。

　畑作物の生産性を向上させるために必要以上に多量の肥料が施肥されていること、除草剤などの化学薬品の使用量が増加したことは水質劣化の時間を早めていった。

　さらに無処理のままで生活排水が湖沼に流されることも、水質悪化の要因である。グローバルな意味での気候の温暖化などのような自然環境の緩やかな変

写真 7-6 精霊の宿る木

写真 7-7 ニャウンシュエの農家

化を含めて、湖沼地域の環境が変化したことは BANCA（2006）が指摘している。気候変動の影響は湖沼の環境変化に寄与していることから、Asian Development Bank（2006）は最近 25 年間のインレー湖周辺地域では土地利用変化が顕在化したと指摘し、湿地面積の変化が湖沼環境を考える上で危機的な状態であることをあげている。Volk et al.（1996），Ngwe Sint and Catalan（2000），Su and Jassby（2000）らの研究結果はインレー湖の湖底部の堆積物分析から湖沼環境の

7. 土地利用変化からみた閉鎖水域のインレー湖　119

写真 7-8　ピンダヤンの新興住宅地

写真 7-9　ピンダヤンで野良に通う農夫と出会う

写真 7-10　タウンジーの朝・僧侶の歩く姿

写真 7-11 ピンダヤンの洞窟寺院

写真 7-12 ピンダヤンの寺院の外景

写真 7-13 インレー湖での水質調査の情景

ドラステイックな環境変化を見出している。近年の水質汚濁は湖沼エコシステム、生態系サービスを脅かしていると警鐘を鳴らしている。

　水質悪化は、インレー湖周辺の地域経済にもインパクトを与えている。環境劣化の元凶の1つに「意図しない土地被覆変化」もあげることができよう。集水地域での薪炭林利用のための広域にわたる森林伐採、商業的な広範囲での焼

7. 土地利用変化からみたインレー湖 121

写真 7-14 インレー湖をとりまく丘陵地に広がる景観

写真 7-15 湖上集落の景観

写真 7-16 インレー湖の魚をとる景観

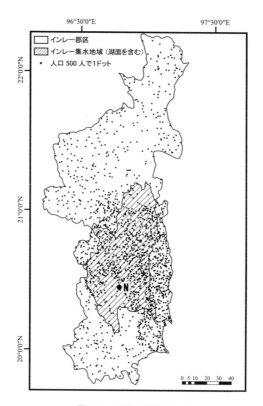

図 7-2 人口集中地域の分布

畑耕作はその変化であり、環境変化要因の1つとして考えてもよい。しかし、最近100年程度の時間軸のなかで、インレー湖が変化したとされる実態については必ずしも明らかではない。湖沼変化と湖岸平野の環境バランスの喪失の要因としては、観光産業の拡大路線が取りあげられることがあり、環境劣化への拍車をかけている。Sidle et al.（2006）は森林劣化（伐採も含めて）も集水域の保全環境を劣化させ、土壌圏を攪乱させるとしている。

　湖沼内でも、湖岸地域においても農業が盛んに行われている。この地域における農業人口は急激に増加していき、人口密度も高い。ニャウンシュエでは、この地域の人口が最も多い地区であり、1990年には805,590人の人口をかかえ

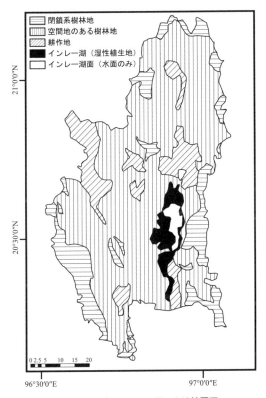

図 7-3 2010 年のインレー湖の土地被覆図

ていた。ヤスエクでは、2000 年には人口が 94,932 人、しかし、2010 年になると人口は 143,732 に急激に増加している。2010 年をみると、この地域の人口は 1,011,084 人であり、人口密度は 52.12 人/km^2 となった。

2010 年現在の土地利用形態をみてみると、農業の占有面積が広いヘーホー盆地やニャウンシュエ盆地では、粗放的農業が行われている。恒久的な耕作地と斜面地での移動農業があり、集水域では焼畑が行われている。インレー湖岸の沖積平野では、稲作農業地域であるが換金性の高いトマト、ジャガイモ、サトウキビ、メイズ、キャベツ、カリフラワーなども生産されている。

次に 1990 年 2 月、2000 年 1 月、2010 年 3 月現在での土地被覆現況を比較し

表 7-2 1990、2000、2010 年の土地被覆

土地被覆	1990 年		2000 年		2010 年	
	面積 (km²)	比率 (%)	面積 (km²)	比率 (%)	面積 (km²)	比率 (%)
閉鎖森林	2497.54	60.67	570.23	13.85	98.22	2.39
開放森林	291.59	7.08	395.09	9.60	1599.80	38.86
灌木林	351.13	8.53	1722.40	41.84	1557.91	37.84
湿地	159.03	3.86	189.19	4.60	81.10	1.97
農耕地	297.13	7.22	647.76	15.73	406.90	9.88
浮菜園	300.72	7.30	349.87	8.50	249.66	6.06
水面	213.56	5.19	236.15	5.74	117.11	2.84
合計	4116.70	100	4116.70	100	4116.70	100

表 7-3 土地被覆変化（1990 と 2010 年）

土地被覆項目	変化					
	1990-2000		2000-2010		1990-2010	
	面積 (km²)	比率 (%)	面積 (km²)	比率 (%)	面積 (km²)	比率 (%)
閉鎖森林	-1927.30	-46.82	-472.01	-11.47	-2399.32	-58.28
開放森林	103.50	2.51	1204.70	29.26	1308.21	31.78
灌木林	1371.27	33.31	-164.49	-4.00	1206.78	29.31
湿地	30.16	0.73	-108.09	-2.63	-77.93	-1.89
農耕地	350.63	8.52	-240.86	-5.85	109.77	2.67
浮菜園	49.15	1.19	-100.21	-2.43	-51.07	-1.24
水面	22.59	0.55	-119.04	-2.89	-96.44	-2.34

てみたい。衛星画像を用いて 3 つの時期の土地被覆変化分析してみたところ次のようなことがわかった。1990 年現在における閉鎖森林域面積は 60.67%、開放森林が 7.08 %、灌木林が 8.53 %、湿地が 3.86 %、農耕地 7.22 %、浮菜園が 7.30 %、水面が 5.19 % であった。2000 年現在の土地利用の変化量を見てみると、各々が 13.85 %、9.60 %、41.84 %、4.60 %、15.73 %、8.50 % と 5.74 % へと変化している。2010 年現在でみると、各々が 2.39 %、38.86 %、37.84 %、1.97 %、9.88 %、6.06 %、2.84 % へと変化している。これは自然環境として良質な閉鎖森林が消失してしまったことと、農耕地へと変貌していることを示している（Kay et al. 2014a）。

インレー湖の周辺にひろがる氾濫原の湿地面積の変化も大きい。最近の 10

7. 土地利用変化からみた閉鎖水域のインレー湖　125

写真 7-17　浮菜園のトマト畑

写真 7-18　浮菜園につくられた水路と農家

写真 7-19　湖上集落の景観

年間、1990年から2000年での間では159.03 km^{2}から189.19 km^{2}に増加している。2.38 km^{2}は耕作地の面積であり、23.88 km^{2}はインレー湖内に設置されているトマトなどを栽培する浮菜園の面積を指している。2010年の土地利用面積をみてみると、湿地面積のうち10.20 km^{2}までが浮菜園にと変貌しているのがわかる。また、湿地から水面に変化した面積は1.16 km^{2}であり、湿地から水面へと変化している地区もある。また、2000年度の土地利用面積比のなかで湿地面積は189.19 km^{2}であったものが、2010年では81.10 km^{2}へと減少している。湖岸には宿泊施設が増え、観光地として生まれ変わろうとしている地区もある。また、気候や水資源を生かした農業地域として再開発されている地域もあり、湖面および湖岸平野の土地利用の変化は最近10年間で著しいことがうかがえる。

インレー湖周辺の耕作地面積は1990年度では297.13 km^{2}であったが、2000年に至ると647.76 km^{2}に拡大している。同じく、2000年における閉鎖森林面積は245.71 km^{2}であり、開放森林面積は564.98 km^2、灌木林の面積は579.09 km^2、湿地面積は2.38 km^{2}であった。これらが10年後の2010年では、耕作地面積を大きく増加させている。2010年では灌木林は伐採されて200.6 km^{2}が耕作地に変更されていき、過去20年間の時間スパンをみると耕作地面積は109.77 km^{2}もの増大を示している。水面の浮くハンモックのような浮菜園は、インレー湖ではよくみられる蔬菜の栽培方式であるが、この栽培方法で稲作も行われている地区がある。さらに花卉栽培も行われている。

1990年に現在における浮菜園の面積は300.72 km^{2}であったが、その後に徐々に増加していき、2000年現在では349.87 km^{2}へと増加している。この10年間では49.15 km^{2}も増加していることがわかる。この土地利用への転換元は湿地23.88 km^{2}と水面8.43 km^{2}である。2010年になると浮菜園は249.66 km^{2}に減少している。インレー湖の水面は、最近20年間において96.44 km^{2}減少しているが、1990年から2010年では56.63 km^{2}の減少を示していた。インレー湖の水面は1990年に213.56 km^{2}であったが、これは2000年に236.15 km^{2}に拡大していったものの、2010年には117.11 km^{2}に減少している。

このように最近20年間における土地利用と土地被覆の変化をみてみると、

表 7-4 1990-2000 年の土地被覆変化

1990年土地被覆カテゴリー	2000年 土地被覆カテゴリー							
	閉鎖森林	開放森林	灌木林	湿地	耕作地	浮菜園	水面	合計
閉鎖森林	173.56	376.60	79.91	0	245.71	0	0	875.78
開放森林	0	458.15	155.65	0	564.98	0	0	1178.77
灌木林	0	361.36	288.08	0	579.09	0	0	1228.53
湿地	0	0	0	47.17	2.38	23.88	0	73.43
農耕地	0	0	0	0	573.84	0	0	573.84
浮菜園	0	0	0	0	0	118.39	0	118.39
水面	0	0	0	2.92	0	8.43	56.63	67.98
合計	173.56	1196	523.6	50.09	1965.99	150.7	56.63	4116.73

表 7-5 2000-2010 年の土地被覆変化

2000年土地被覆カテゴリー	2010年 土地被覆カテゴリー							
	閉鎖森林	開放森林	灌木林	湿地	耕作地	浮菜園	水面	合計
閉鎖森林	33.7	135.16	4.70	0	0	0	0	173.56
開放森林	0	744.94	451.18	0	0	0	0	1196.11
灌木林	0	0	323.03	0	200.60	0	0	523.63
湿地	0	0	0	38.74	0	10.20	1.16	50.09
耕作地	0	0	0	0	1965.99	0	0	1965.99
浮菜園	0	0	0	0	0	150.70	0	150.70
水面	0	0	0	0	0	4.34	52.30	56.63
合計	33.7	880.1	778.91	38.74	33.71	165.23	53.45	4116.73

インレー湖およびこの湖に流入する河川流域には環境問題が顕在化しているようである。もっとも重くのしかかっている環境問題は、湖沼の水質悪化の状況である。農業生産者は被害者であり、加害者であるという二面性を持っているが、流域および湖水面で生活をしている地域住民にとっては湖沼の水質の劣化は疾病原因としても解決しなければならない問題である。特に、湖沼のような閉鎖水域における水質汚濁は水質改善に時間がかかる。

　環境劣化の要因は1）水面の浮菜園で使用している無機肥料と除草剤などの薬品の投与など、2）使用済みの浮菜園のマットが腐敗してごみとなる、3）湖

写真 7-20 湖上の寺院

写真 7-21 観光客を乗せる船

写真 7-22 湖上のマーケット（農具を売る店）

写真 7-23 開発されていく湖岸を取り巻く丘陵地帯

写真 7-24 ゴミが水面を覆う

上生活者の生活排水、生活汚水の湖沼への流入、4）訪問者が増加して湖面利用の宿泊施設から廃棄されるごみと汚水の急激な増加、5）観光客のごみ廃棄、6）観光船から排出されているごみ、これ以外にも流入河川の流域の変化によるさまざまな物質の流下も手伝い、複雑な環境問題要因である。また、これらが複合的に結びついている複合要因もある。

インレー湖ならびに周辺湖岸地域の土地利用変化図を作成してみた。耕作地の急激な拡大傾向、農業生産の安定と向上を求めて肥料、除草剤などを大量に投入することによって、河川への肥料分の流出がある。湖沼に出てからのそれ

写真 7-25　湖沼の植物を利用して織物をつくる作業

らの物質の停滞による水質悪化である。人口増加は湖沼内と湖沼の沿岸地域からの生活排水増加によって、無処理のままの生活排水が汚水として湖沼に直接的に流入していることなども大きな要因であろう。また、湖沼面ではハンモック状の耕作地が拡大していることを考えると、特に、この耕作地においても施肥は行われていることから、水質変化に関与していることを理解できよう。

　1990年の閉鎖森林面積をみるとインレー湖の北部、東部、南西部に横たわっている山岳地域であるピンァウン山地、キャウタロン山地とピンダヤーヤワンガン山地などに広がっていたものであるが、2000年になると閉鎖森林が開放森林と灌木林に急激に変貌を遂げている。この変化の一部には森林面積が耕作地面積に変化していることを示しており、インレー湖の集水地域における広域にわたる土地利用変化が表層土壌にも質的な変化をきたしている。さらに、近年では斜面崩壊、表層土壌の流出で湖沼堆積物の増加などの影響も問題となってきている。

　これらの土壌圏の変化、表層土壌の攪乱などを改善するためにインレー湖周辺地域では、「森林再生プロジェクト」が開始している。タウンジー地区においては、「灌木林を開放森林に変化させた」森林プロジェクト計画地域もある。しかしながら、まだまだ土地被覆の林野再生に変化した面積は極めて限られているのが現況である。この一方、食糧増産と観光客増加によって必要となる蔬

写真 7-26　インレー湖の織物産業

写真 7-27　水路と船のある家

菜生産の量が、土地利用変化にインパクトを与えている。耕作地面積はインレー湖の集水地域の西側、北西側のカラニーアウンバン地区、ヘーホー地区とタマカン地区にまで急速に拡大している。

　インレー湖の湖面に多くみられる浮菜園は、古くなるとゴミとして切り離されしまうために湖面を漂うことになる。浮草が覆う水面が徐々に拡大していき、湖水の水位は徐々に浅くなっているような状況である。この浮菜園はケラ村、キャーサール村、ミンチュアン村、イェンベン村などで多くみられる。

　湖沼の水質悪化を改善するためには長い時間を要するであろう。また、適切

写真 7-28 少数民族の観光化

写真 7-29 祭りが人をつなぐ

な流域管理を行おうとする場合には旧来のタウンヤ方式をとるのか、また、土地利用の変化を押しとどめることはできるだろうか？地域住民の生活の質に大きな環境問題を醸し出している。また、観光地として注目された結果、周辺地域の少数民族が、観光対象となり、インレー湖への観光客をよびよせるための観光資源となっている。また、高原の観光資源として「農民でも、わけても若い女性達が集団で行う農作業」など紹介することもあり、若い農婦が草刈りを

写真 7-30 インレー湖周辺の農業地域

する姿をみかけるようになった。観光客へのサービスとして、不自然な耕作姿で写真に映されることが強要されることも目立つようになった。人間社会の環境倫理問題という点からも環境劣化問題を考える必要がありそうだ。

8. エーヤーワディー川の流れがはてるところ

　東南アジア地域が大きな謎を秘めていて興味尽きない地域であった時期はすでに遠い。ミャンマーが閉鎖国家で外国人の立ち入りが制限されていた時代、内戦で明け暮れしていた地域もあった。メコン川の下流地域のカンボジアでは、調査以前に生活を安全なものとすべく内戦時代の遺構でもある地雷を撤去することが、まず先にあるべきであった時代もある。ラオスでは内陸部への調査をするための許可をとるのに時間がかかった時期がある。どの地域においても内陸部は、マラリアやデング熱が怖かった時代があった。

　東南アジアを悠然と流れている巨大河川には、メコン川やエーヤーワディー川のように手つかずの自然のままの河川区間を残すものもある。エーヤーワディー川にはカワイルカが生息し、河川そのものが自然の宝庫である。閉鎖的な社会を標ぼうしてきたミャンマーも、開国と共に海外からの経済的な援助、開発の手が伸び、中国に近い河川上流地域にはすでに、中国が電源開発のためにダムを建設してきている。共著者のケイトエラインさんとマウンマウンエー氏らの意見が出され、ダム建設をけん制する動きもあり、いくつかのダム建設に待ったがかかった。

　「眠れる巨人」というのは、メコン川のキャッチコピーとして使用されてきた時代が長く続いた。エーヤーワディー川も同じように水資源開発を待つ眠れる獅子であろうか？このキャッチコピーを用いる時、ダム開発と水資源の2つの言葉が頭をかすめていく。どこまで開発すべきなのか、どのように自然環境を保全していくべきなのかについて考えずにはいられない。農業社会では人の営みを支える農産物を安定的に供給できるような生産性と、できれば、生産性の向上に向けて水資源の安定的な運用が求められてきた。水資源開発は必要であると考える人は多い。すなわち、都市での生活を豊かにおくるためには生活用水が必要である。工業の発展を考えると電源開発が重要だと考える人も多い。水の質を考えて、安全で潤沢な飲み水が必要であると考える人がいる。しかし、

一方で、急速な開発によって失われていく自然環境について考察し、河川流域において適切な生態系の保全が可能なように考えたいと思う人もいる。流域全体の災害軽減に向けて流域内に緑地を確保し、自然環境を保全することが必要であると考える人がいる。

母なる川は人々に水資源と農産物という宝物を与え続けるために安定的な農業生産も望まれる。農業用水として安定供給が望まれる灌漑用水をいかに地域に不公平感を与えずに配分することができるのかについては待ったなしである。長い時代を経過してさまざまな人の交流・文化の交流、物の運搬に資してきた川である。川辺にはパガンに見るように、また、マンダレーに見るようにいくつもの聖地と古都がある。

エーヤーワディーの流れは、氷河をいただくカカボラジの山岳地域に源流をもち、河畔に居住する人々の生活を支え、文化を育んできた。エーヤーワディー川は緩やかに流れ行きて、広大な沖積平野を形成してきた。エーヤーワディー川は流れ行きて流域に住む人々に水資源のみならず、沖積平野を形成して生活の場を豊かなものにもしてきた。人々の活動に大きな便益を与えてきた。エーヤーワディー川は流れ行きて水を讃えて、生きる活力を与える重要な自然の営みを齎してきた。乾燥という厳しい自然環境を乗り越えて、農業の生産力に大きな継続的な力を与えてきた。

Jonathan Rigg 編（1992）は「水の贈り物」のなかで、ミャンマーの Yin 河谷に存在している 2 世紀頃の遺跡と考えられる Beikthano の水利構造物を紹介している。この中には「ため池と灌漑施設」についても記載されている。どの時代においても、川は灌漑農業に対して重要な役割を果たしてきていることを示している。日本でも年間降水量が少ない瀬戸内海沿岸地域の香川県北部ではため池を作り、ため池から水田に水を引く技術が伝承されていった。農業土木という大きな技術体系が花開いていった。ため池は地表面を流れる河川規模が小さい地域、降水量が少ない地域などではすぐれた農業土木技術として現在でも伝承されている。

アジアの農業とヨーロッパの農業の大きな違いは、前者が稲作を中心として

きたこと、後者は畑作中心で酪農との組み合わせにあることである。稲作には十分な水資源が必要であり、この水を得るための努力が農業に不可欠であった。

　日本の河川流域には多くの灌漑施設が建設されてきており、その歴史も長い。東南アジアの米作地域では日本と同様に長い灌漑農業の歴史がある。この灌漑施設を建設して河川の水を引き込み、耕作地を涵養させていき、生産性を安定化していくことを熱心に行ってきた。これは水、土からの恵みを受けて生きるというアジアの人の心をも培ってきたようにも考えられる。

　近年の急速な都市的土地利用の拡大は、隣接する近郊農村を大きく変貌させていった。このような状況は東南アジア地域のどの地域においても共通してみられるものである。ミャンマーでは隣国の中国の支援によって北部地域でのダム建設が進んでいたが、ダム建設によって得られる水、電力がミャンマーには還元されていない。かつて、ラオスでもダム建設で作られる電力が隣国のタイに売られていた。近年、ミャンマーでは中国支援のダム開発に「ノー」という言葉を返している。共著者のケイトエラインさんとその恩師のマウンマウンエー博士が河川地形学の立場から、ダム建設への不安材料を示し「ノー」といったことがその背景にある。「タウンヤ」というすばらしい技法を持つ国の人々が出した自然環境保全への1つの「解」のように思えてならない。

　新しい時代が新しい河川との付き合い方を求めている。「河の流れ」は古典でもそらんじることのできる鴨長明の記載にあるが、ミャンマーにおける河川と人の付き合い方に伝統社会が向き合う河川があるようにも感じられる。流れの果てるところから見えてくるものがある。

あとがき

　ケイトエラインさんが2度目に来日し、三重で過ごした2カ年、松本真弓さんが三重大学大学院を去るまでの間、エーヤーワディー川についてまとめておきたいと考えていた。ケイトエラインさんとは英語で記載することを約束していたが、日本語でも記載したいと考えた。河・水はアジア地域においても異なる地域では異なった使われ方をしている。しかし、人間の生活を支え人々の心の糧となってきたものに違いない。開発が思いのほか早いピッチで進んでいるこの国での開発の方向性についてもう少し見てみたい。

　ミャンマーについてはマウンマウンエー氏、キンキンウェイ氏から多くのことを学んだ。ミャンマーの仏教文化についてはケイトラインさんの妹さんから多くのことを教えていただいた。いつの時もそばにいてミャンマーの地形について水文環境について熱いまなざしで見つめていたのはケイトエラインさんであった。ケイトエラインさんはダウェー大学からヤンゴン大学、さらにバゴ大学を経て、やっと、ヤンゴン大学に2016年12月に戻ってきた。これから多くの地形学者、自然地理学者を育成し、ヤンゴン大学地理学教室を支えていくのだろうと思います。私はこの人から敬虔な仏教徒の立居振舞を学び、1つの生き方を知りました。多くのミャンマーの人々に支えられていたことを感謝いたします。松本真弓さんは努力の人であり、一方、若い女子学生であり、ヤンゴンでの不思議な出来事を思い出すことがあります。学生の研究意欲にも恵まれたことを感謝いたします。

参考文献

Asian Development Bank (2006) Myanmar case studies: (1) environmental performance in Mandalay City; (2) environmental performance assessment of Inlay Lake, ADB T.A. No. 6069-REG, prepared by National Comm. Environ. Affairs, Myanmar and Project Secretariat UNEP Regional Resource Ctr. for Asia and the Pacific.

BANCA (2006) Integrated Multi-Stakeholder Ecosystem Approach at Inle Lake Based on Zoning Principles and Integration of Eco-restoration and Agro-farming Practices, Biodiversity and Nature Conservation Association, Myanmar.

Bender F (1983) Geology of Burma. Gebruder Borntraeger Publisher. 293p

Chhibber H L (1933) The Physiography of Burma. Longmans. 148p

Chhibber H L (1934 a) The Geology of Burma.Mac Millan, London. 538p

Dobby E H G (1950) Southeast Asia. The University of London Press.

Frits van der Leeden (1975) Water Resources of the World. Water Information Center.189p

Funabiki A, Haruyama S and Dinh T H (2010) Holocene evolution of the Kumozu River delta, Mie Prefecture, Central Japan. The Quaternary Research (Daiyonki Kenkyu) 49, 201-218pp

Geological Survey of India (1965) A manual of the Geology of India and Burma.

Gordon R (1879-1880) Report on the Irawadi River. Pt. I- IV . Rangoon, Secretariat, 550p

Gordon R (1885) The Irawadi River. Proc. R. Geogr. Soc. 7, 292-331pp

Haruyama S (1993) Geomorphology of the Central Plain of Thailand and its Relationship with Recent Flood conditions. Geo-Journal. 26 (12) , 327-334pp

Haruyama S and Kay T H (2013) Morphometroic Analysis of the Bago River Basin. TERRA PUB. 210p

Haruyama S and K K Wai (2011) Recent land use change of Hmawbi Town ship in Myanmar. Proceedings of General Meeting of the Association of Japanese Geographers, Japan.80.142p

Haruyama S and M M Aye (2010) Cyclone Nargis to strike the southern Ayeyarwady delta of Myanmar. Proceedings of General Meeting of the Association of Japanese Geographers, Japan.77.265p

Haruyama S and Phai, VV (2002) Environmental change of southern coastal area of Red River Delta. Journal of Geography 111 (1) , 126-132pp

Hla Tun Aung (2002) Myanmar-the study of processes and patterns-. National center for human resources development, Ministry of education, Myanmar.794p

Jonathan R (edited) (1992) The gift of water- water management, cosmology and the state in south east Asia. School of Oriental and African studies, University of London. Printed in England by Hobbs the Printers Ltd.,Southanpton.

Kay T H, S Haruyama and M M Aye (2006) Socio-economic Aspects of Kawthoung Township in the southern Most Part of Myanmar. Southeast Asian Studies. 1 (4), 62-71pp

Kay T H, Haruyama S, M M Aye (2008) The effect of land use and land cover changes on surface runoff and sediment discharge in the Bago River watershed, lower Myanmar. Proceedings of General Meeting of the Association of Japanese Geographers, Japan.71.148p

Kay T H, S Haruyama and K Miyaoka (2012a) A Preliminary Assessment on the Surface Water and Groundwater Conditions in the middle Part of the Ayeyarwady Delta. Journal of Myanmar Academy of Arts and Sciences. Ministry of Education, Myanmar, 1-20pp.

Kay T H, S Haruyama and M M Aye (2012b) An Assessment on Developing Hydrologic Flood Control Model of the Bago River Basin. Universities Journal of Myanmar. Ministry of Education in Myanmar. X, 1-16pp.

Kay T H, M Matsumoto, M M Aye and S Haruyama (2013a) GIS Analysis for Tropical Cyclones and Coastal Plain in Myanmar. Coastal Geomorphology and Vulnerability of Disaster Towards Disaster Risk Reduction. TERRAPUB . 139-154pp.

Kay T H,S Haruyama, K Miyaoka and M M Aye (2013b) Water Quality of the Ayeyarwady Delta, Myanmar using GIS-based Mapping and Analysis. Proceedings of the General Meeting of the Association of Japanese Geographers.83, 257p.

Kay T H, S Haruyama, Sein S M and M M Aye (2013c) Geomorphological Assessment on the River Channel Change along the Toe River,Myanmar. Proceedings of the general meeting of the Association of Japanese Geographers. 83, 304p.

Kay T H, Aye A M and S Haruyama (2013d) Land Use Changes of Hliangtharyar Township in Yangon city, Myanmar. SLUAS Science report 2013-Towards Sustainable land use in Asia (IV), 133-148pp.

Kay T H, Saw Y M, S Haruyama (2014a) Recent Land Cover Changes of the Inle Watershed affected by Anthropogenic Activities.SLUAS Science report 2014- Towards Sustainable land use in Asia (V), 85-100pp

Kay T H, S Haruyama, Maung M A (2014b) Fluvial environmental changes of the Ayeyarwady Delta near Hinthada borecore area. Proceedings of General Meeting of the Association of Japanese Geographers, Japan. 86, 137p

Kay T H, S Haruyama, M M Aye (2014c) Preliminary Study on the Environmental Changes of the Ayeyarwady River Delta: Nyaungdon Borecore Area. Proceedings of General Meeting of the Association of Japanese Geographers, Japan. 85

Kay T H, S Haruyama and M M Aye (2014d) Geospatial Analysis for Characterization of the Ground Water Quality of the Hlaingtharyar Township, Myanmar. Proceedings of General

Meeting of the Association of Japanese Geographers, Japan. 85

Kingdom - Ward F (1949) Burma's Icy Mountains. London

Khin Thein Htwe (2008) Community preparedness for coping with flood hazards : A case in AYEYARWADY delta in MYANMAR. Asian Institute of Technology

Khin K W, Kay T H and S Haruyama (2011) Recent Land use change of Hmowbi Township in Myanmar.SLUAS Sceince Report 2011- Towards Sustainable land use in Asia (II) , 31-144pp

Khin Lay Swe (2011) Development of Clean Water and Sanitation in Inle Lake, Myanmar EE2 Seminar: Water and Environment in Asia's Developing Communities Singapore International Water Week 2011 Co-located Event.

Matsumoto M and Haruyama S (2011) Recent meandering pattern of the Irrawaddy, Myanmar, The Proceedings of Geomate 2011 (Edited by Zakaria and Takai) . 1, 443-446pp

Maung Maung Aye (2004) A preliminary synthesis of the Quaternary geomorphology of MYANMAR. The University Tokyo

Maung Maung Aye (2004) A geomorphological and hydrological analysis on the AYEYARWADY drainage basin of MYANMAR. The University Tokyo.

Maung Thein (1983) The Geological Evolution of Burma. Department of Geology. University of Mandalay, Myanmar

Mu Mu Than (2007) Community Activities Contribution to Water Environment Conservation of Inle Lake, Proceeding of International Forum on Water Environmental Governance in Asia, December 2007, Beppu, Oita, Japan, 215-221

Nguyen VL, Ta TKO, Tateishi M, Kobayashi I and Saito Y (2000) Late Holocene depositional environments and coastal evolution of the Mekong River Delta, Southern Vietnam. Journal of Asian Earth Sciences 19, 427-439pp

Nyi Nyi (1967) The Physiography of Burma.The Geological Society. Rangoon Arts and Science University

Ngwe Sint U, Catalan I (2000) Preliminary survey on potentiality of reforestation under clean development mechanism in Myanmar with particular reference to Inle region. Unpublished report by Karamosia Intl., Yangoon Final report for the government of Myanmar, Ministry of Forestry, GAF, Munich

Okura H, Simking R,Suwanwerakamtorn R, Oya M and Haruyama S (1991) The Map Making Method of A Geomorphologic Survey Map Showing Classification of Flood Inundated Area Based on Satellite Remote Sensing Data. Technical Report of Joint Research on the Enhancement and Application of the Remote Sensing Technology with ASEAN Countries.143-176pp

Okura H, Oya M, Haruyama S, Vibulsresth S, Simking R and T (1989) A Geomorphological

Survey Map of the Central Plain of Thailand Showing Classification of Flood-inundated Area. National Disaster Prevention Centre, Ministry of Science and Technology

Okura H, Haruyama S, Oya M, Vibulsresth S, Simking R and T (1991) A Geomorphologic Survey Map of the Krasieo River Basin in the Western Part of the Central Plain of Thailand Showing Classification of Flood-Inundated Areas. National Disaster Prevention Centre, Ministry of Science and Technology

Oya M (1977) Comparative study of the fluvial plain based on the geomorphological land classification. Geographical Review of Japan. 50, 1-31pp

Oya M and Haruyama S (1987) Flooding and Urbanization in the Lowlands of Tokyo and Vicinity. Natural Disaster Science.9 (2) , 1-12pp

Saw Yu May (2008) Changes of Water Quality and Water Surface Area in Inle Lake: Facts and Perceptions, Unpublished Ph D Dissertation, Department of Geography, University of Yangon, Myanmar.

Senda M, Kay T H, K Miyaoka, S Haruyam and Y Kuzuha (2014) Water Environments in the southern delta of Myanmar during the rainy season. Japan Society of Hydrology and Water Resource .2 (1) , 299-309pp

Senda M, Kay Thwe Hlaing, Kunihide Miyaoka, S Haruyama and Yasuhisa Kuzuha (2013) Water environments in the southern delta of Myanmar during the rainy season. Japan Society of Hydrology and Water Resources. 139-154pp

Su M and Jassby AD (2000) Inle: a large Myanmar lake in transition. Lakes Reservation Resource Management. 5, 49-54pp.

Senda M, Kay TH, K.Miyaoka, S Haruyam and Y Kuzuha (2014) Water Environments in the southern delta of Myanmar during the rainy season. Japan Society of Hydrology and Water Resource .2 (1) , 299-309pp

Senda M, Kay T H, K Miyaoka, S Haruyam and Y Kuzuha (2013) Water environments in the southern delta of Myanmar during the rainy season. Japan Society of Hydrology and Water Resources. 139-154pp

Stamp LD (1940) The Irrawaddy River, Geographical Journal. 95 (5) , 329-356pp

Sidle RC, Ziegler AD, Negishi JN, Abdul Rahim N, Siew R, Turkelboom F (2006) Erosion processes in steep terrain-truths, myths, and uncertainties related to forest management in southeast Asia. Forest Ecol Manage 224, 199-225pp

Steve Butkus and Myint Su (2001) Pesticide Use Limits for Protection of Human Health in Inle Lake (Myanmar) Watershed, Living Earth Institute Olympia, Washington, USA.

Tun T, Win SL (2007) The Irrawaddy river sediment flux to the Indian Ocean: the original 19th Century data revisited. J. Geol. 115, 629-640pp

The Government of the Union of Myanmar (2008) Statistical Yearbook 2006, Central

Statistical Organization

Volker A (1966) The Deltaic Area of the Irrawaddy River in Burma. UNESCO, Rech. Zone Tropic hum. 6, Paris, 373-379pp

Volk P, Heymann J, Saradeth S, Bechstedt HD, Löffler E, Stuurman W, Aiblinger S, Carl S, Küpper A, Lamprecht S, Ringenberg H, Schönberg A (1996) Mapping and land use planning for watershed management.

Win, T (1996) Floating Island Agriculture (Ye-Chan) of Inle Lake. Unpublished M.A. Thesis, Department of Geography, University of Yangon.

Win S H, Aye K S, Win K M M, Hoey T B (2008) A preliminary estimate of organic carbon transport by the Ayeyarwady and Thanlwin Rivers of Myanmar. Quaternary International. 186, 113-122pp

植原茂次・幾志新吉・大倉博・諸星敏一・佐藤照子・大矢雅彦・春山成子・土屋清・三輪卓司・石山隆（1989）衛星データを用いた水害地形分類図の作成手法に関する研究（第一報）. 科学技術庁国立防災科学技術研究所研究資料 81, pp.1-39

大倉博・春山成子・大矢雅彦・スーウットウィブーンセート・ランブンシムキン・ラサミースワウィラカムトン（1989）衛星リモートセンシングによるタイ中央平原の水害地形分類図. 科学技術庁国立防災科学技術研究所研究資料 83, pp.1-25

大倉博・植原茂次・春山成子・大矢雅彦（1991）衛星リモートセンシングによるタイ中央平原西部クラシオ川流域の洪水地形分類図. 科学技術庁国立防災科学技術研究所研究資料 150, pp.1-35

大野徹（1970）知られざるビルマ 増補改訂版. 芙蓉書房, 298p.

大矢暁（2005）スマトラからアンダマン諸島そしてミャンマーに至る地質構造について. GUPI Newsletter No.12

大矢雅彦・丸山裕一・海津正倫・春山成子・平井幸弘・熊木洋太・長澤良太・杉浦正美・久保純子・岩橋純子共著（1998）地形分類図の読み方・作り方. 古今書院.

籠瀬良明（1975）自然堤防－河岸平野の事例研究－. 古今書院.

小林茂（2006）近代日本の地図製作と東アジア－外邦図研究の展望－. E-journal GEO vol.1 (1), pp.52-66

小林茂編（2009）近代日本の地図作成とアジア太平洋地. 大阪大学出版会, 496p.

小林茂・森野友介・角野宏・多田隈健一・小嶋梓・浪江彰彦（2014）台湾桃園台地における灌漑水利の展開と土地利用の変動－GISを援用した分析－. E-journal GEO vol.9 (2), pp.172-193

須藤定久（1998）ミャンマーの地質の鉱物物質. 地質ニュース 524, pp.14-31

春山成子（1991）タイ中央平原西部クラシオ川流域の開発と防災－リモートセンシング技術を用いた防災地図の作成を中心にして－. 日本地理学会予稿集 41, pp.86-87

春山成子（1992）河川微地形と農業水利システム．水利の風土性と近代化（志村博康編）．東京大学出版会, pp.90-100

春山成子（1994）タイの水田農業地域の自然災害と防災．防災と環境保全のための応用地理学（大矢雅彦編）．古今書院, pp.291-307

春山成子（1995）カリブランタスにみる開発・保全の景観．湿潤熱帯環境（田村俊和ほか編）．朝倉書店, pp.198-200

春山成子（1995）ソンコイ川下流デルタの地形環境．国際関係学研究 21, pp.1-13

春山成子（1996）流域システムと環境変化について－火山活動と河川環境－（平成8年度文部省科研（B））．流域環境の視点からの食料生産と土・水資源の利用（黒田正治編集）pp.29-36

春山成子（2011）災害軽減と土地利用．古今書院, 223p．

春山成子・大矢雅彦（1990）メコン川流域の自然と開発．国際農林業協力 13（2）pp.27-44

春山成子・大矢雅彦・水原嘉雄（1990）活火山地域の河川の開発保全の地理学的研究－東部ジャワ カリブランタス流域の場合．日本地理学会予稿集 38, pp.162-163

春山成子・大矢雅彦・水原嘉雄（1992）活火山地域の河川の開発・保全－東部ジャワ・カリブランタス流域を例として－．地学雑誌 101（2）, pp.89-106

春山成子・大倉博・大矢雅彦（1992）リモ‐‐トセンシングによるタイ中央原／西部クラシオ川流域での防災地図作成．地図 －空間表現の科学－ 30（2）, pp.19-25

深野麻美, 春山成子, 桶谷政一郎（2010）カンボジア・トンレサップ湖岸北西部の地形, E-journal GEO vol.5（1）, pp.1-14

松本真弓・春山成子（2010）イラワジデルタの最近60年間の蛇行河道の変化．日本地理学会発表要旨集 78, 249p

松本真弓・春山成子（2010）外邦図をもちいたミャンマー・イラワジ川における地形特性の研究．日本地理学会発表要旨集 77, 249p

松本真弓・春山成子・ケイトエライン（2011）パテイン地点におけるイワジデルタの堆積物．日本地理学会発表要旨集 81, 238p

松本真弓・春山成子・ケイトエライン（2012）ヘンサダ地点のボーリングデータからみたイラワジデルタ．日本地理学会発表要旨集 82, 164p

著者略歴

春山 成子（はるやま しげこ）
　三重大学大学院生物資源学研究科教授．モンスーンアジアの平野を中心として応用地形学的研究を行ってきている．
　主な著作物：*"Natural Disaster and Coastal Geomorphology"*（編著，Springer，2016），*"Environmental Change and the Social Response of the Amur River Basin"*（編著，Springer，2014），『水社会の憧憬－マンボが語る景観－』編著，古今書院，2014），*"Coastal Geomorphology and Vulnerability of Disaster towards disaster Risk Reduction"*（TERRAPUB，2013），『災害軽減と土地利用』（編著，古今書院，2011），*"Human and Natural Environmental Impact for the Mekong River"*（TERRA PUB，2011），『自然と共生するメコン』（古今書院，2009），『朝倉世界地理講座 3 東南アジア』（共編，朝倉書店，2009），『ベトナム北部の自然と農業』（古今書院，2004），『棚田の自然環境と文化景観』（農林統計協会，2004）

ケイトエライン（Kay Thwe Hlaing）
　ヤンゴン大学大学院地理学科教授．東京大学大学院新領域創成科学研究科環境学系自然環境学コース博士課程修了，博士（環境学）．
　代表的な著作物（いずれも共著）：*"Morphometroic Analysis of the Bago River Basin"*. TERRA PUB, 2013, 'Human Impacts on the Landcover Change of th Inle Watershed in Myanmar'. in Y. Himiyama ed. *"Exploring Sustainable Land Use in Monsoon Asia"*. Springer, 2017, 'A Preliminary Assessment on the Surface Water and Groundwater Conditions in the middle Part of the Ayeyarwady Delta'. *Journal of Myanmar Academy of Arts and Sciences*. 2012, pp.1-20, 'An Assessment on Developing Hydrologic Flood Control Model of the Bago River Basin'.*Universities Journal of Myanmar.* X, 2012, pp.1-16, 'Socio-economic Aspects of Kawthoung Township in the Southern Most Part of Myanma r. *Journal of Southeast Asian Studies*.1（4），2007, pp.62-71, 'A Quantitative Analysis of the Bago River Basin in Myanmar'. *Journal of the Myanmar Academy of Arts and Science*.5（5）. 2007, pp.512-539.

書　名	エーヤーワディーの河の流れ－流域とのダイアローグ－
コード	ISBN978-4-7722-2025-5　C3025
発行日	2018 年 5 月 16 日　初版第 1 刷発行
著　者	**春山成子・ケイトエライン** Copyright　© 2018 Shigeko HARUYAMA & Kay Thwe Hlaing
発行者	株式会社古今書院　橋本寿資
印刷所	太平印刷社
発行所	**（株）古 今 書 院** 〒 101-0062　東京都千代田区神田駿河台 2-10
電　話	03-3291-2757
ＦＡＸ	03-3233-0303
ＵＲＬ	http://www.kokon.co.jp/

検印省略・Printed in Japan

いろんな本をご覧ください
古今書院のホームページ

http://www.kokon.co.jp/

★ 800点以上の**新刊・既刊書**の内容・目次を写真入りでくわしく紹介
★ 地球科学やGIS，教育など**ジャンル別**のおすすめ本をリストアップ
★ 月刊『**地理**』最新号・バックナンバーの特集概要と目次を掲載
★ 書名・著者・目次・内容紹介などあらゆる語句に対応した**検索機能**

古今書院
〒101-0062　東京都千代田区神田駿河台2-10
TEL 03-3291-2757　FAX 03-3233-0303
☆メールでのご注文は order@kokon.co.jp へ